最美的昆虫科学馆
小昆虫大世界

Kun Chong Ji

昆虫记

毛虫的故事
——松毛虫、叶甲

〔法〕法布尔／原著　　胡延东／编译

天津出版传媒集团

天津科技翻译出版有限公司

前　言

　　《昆虫记》是法国杰出昆虫学家、文学家法布尔的经典之作，它详细记载了多种昆虫的本能、习性、劳动、婚姻、繁衍、死亡、丧葬等习俗，堪称一部了解昆虫的百科全书。

　　然而《昆虫记》的意义又不仅于此，全书从人文关怀的视角出发，通过对昆虫习性的描写，展现了各种昆虫的个性特点，以及它们为了生存而做的不懈努力，体现了作者对昆虫的尊敬，对生命的关爱。

　　由于《昆虫记》是作者以"哲学家一般的思，美术家一般的看，文学家一般的感受与抒写"编著而成的史诗，也是尊重生命、讴歌生命的典范，所以它问世这一百多年来，便一版再版，先后被翻译成五十多种文字，一次又一次在读者中引起轰动。它的作者法布尔，也因对科学和文学方面的双重贡献，被誉为"科学诗人""昆虫世界的荷马""昆虫世界的维吉尔"。

　　作为中国中小学生的必读课外读物，《昆虫记》因其知识性和趣味性而备受关注，但它毕竟是一部科普巨著，这对课业繁重、理解能力有限的中小学生来说，是一项很大的"阅读工程"。所以本系列丛书就根据原版《昆虫记》所提供的有关昆虫生活习性的资料，以简单通俗的语言将每种昆虫的特点简要呈现出来，省去原书中专业化的术语及大量反复的实验论证过程，保留原书的叙事特色，让孩子在轻松愉快的阅读氛围中体验到昆虫王国的奇特。

　　本套《昆虫记》共分十册，其中《毛虫的故事——松毛虫、叶甲》着重讲述了松毛虫、象虫、叶甲、菜青虫的故事。你一定很想知道：松毛虫为什么总是整整齐齐地排好队？象虫有什么奇特的逸闻趣事？叶甲为什么拿恶心的粪便当外衣？……昆虫王国的精彩继续！

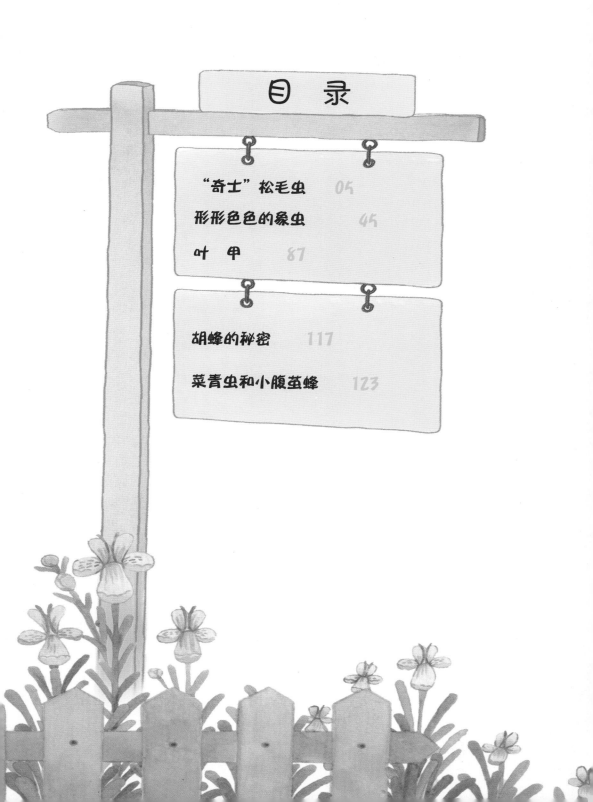

目 录

"奇士"松毛虫

四处迁徙的"阿拉伯人"

　　八月上旬，我在松树枝上看到了一些微白的卵，呈圆柱形，上面覆盖着一层鳞片，在葱绿的松针上非常显眼。我用一把镊子将鳞片夹掉，看到了几排像白色珐琅珠子一样的卵，大约有300枚，紧紧地靠在一起，形成九个纵列。这些卵排列得比玉米粒还要优美，简直像一件珍珠工艺品！我相信任何人见到这东西，都会禁不住地称赞一句："真美啊！"卵与卵之间互相挤压，使得整个平面呈现为一个漂亮的六边形，显然松毛蛾是按照环形产卵的。这个六边形工艺品就被黏胶一样的东西粘在一起，被一层层鳞片覆盖着。

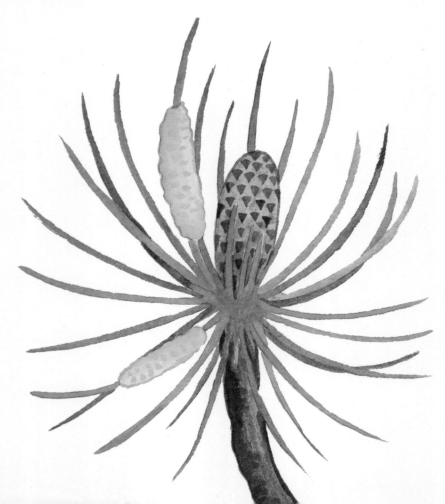

一只衰弱的松毛蛾怎么会想到将卵排列成六边形呢?

美是万物存在的理由,任何生命都有追逐美的权利。

九月份,卵开始孵化了。我将一根有卵的松枝浸在一杯水中,确保树枝新鲜,即将出生的幼虫有食物可吃。

上午八点,阳光射进窗户,我打开一块鳞片,发现这些长着黑色脑袋的小家伙正在轻轻地啃咬,想要弄破卵壳。已经孵化的松毛虫则打开卵壳,准备进食。但有时候我打开一块看似静悄悄的鳞片,发现里面已经没有居民,它们已经出壳了。这不能怪我,因为这些脱掉了旧衣服的小家伙,并没有将卵壳彻底摧毁,卵壳仍然像以前那样整整齐齐地排列在鳞片下面,不同的只是破损了一些而已。

这些小家伙一出生便急着进食。它们的大颚一开始就很有力,让它可以啃咬坚硬的松针。刚出生的幼虫,漫无目的地在卵壳中游荡一会儿,然后再跑到附近的松针上。如果三四只幼虫一起寻找食物,你会发现它们排列成纵队,整整齐齐地一道行走。但是发现食物之后,队形就会乱了,它们会迅速分开,各自找地方进食。

这样吃了一会儿,幼虫就有了足够的体力,它们返回自己的出生地,开始吐丝做帐篷。它们会选择两个相邻的松针,在上面织一个丝球。中午太阳光线强烈的时候,它

们就躲在这个丝球下休息。只有傍晚阳光暗淡的时候，它们才重新爬出来，在方圆半个拇指大的范围内组成一个纵队，开始吃松针。

到现在为止，松毛虫的所有才能已经全部展现出来了：纵队爬行，吐丝。以后不管如何发育，它们的生命就围绕这两项运动展开了。尽管现在它还只是身体虚弱的幼虫，但已经承担了织丝球的工作，可以连续24个小时不间断地劳动，织出一个像榛子一样大的丝球。如果你放手让它劳动一周，它还可以织出一个更大的丝球，像苹果那样大。

需要说明的是，松毛虫不喜欢阳光，所以太阳光线强烈的时候，它就躲在丝球下面，但丝球并不是它真正的家，只是一个临时遮阳的帐篷。这个临时场所是经常变的，因为支撑丝球的松针一旦被它们吃得所剩无几，就干枯了，很容易脱落，它们的帐篷也会倒塌。于是它们又组成纵队，寻找其他新鲜的松针，重新建造帐篷。阿拉伯人一生赶着骆驼前行，牧群将要吃光一个地方的牧草时，他们就重新换一个地方，重新搭建帐篷。松毛虫就像他们一样，在整棵松树上不断地搬迁，有的甚至搬到树梢上去了。

勤劳的纺织工

每天晚上七点到九点，是松毛虫出来享受晚宴的时光。它们会暂时离开小窝，到其他松枝上寻找松针。于是，松针上就密密麻麻铺满了松毛虫。大片大片的松毛虫刚开始出来时杂乱无章，可慢慢地，它们就呈纵队排列，分成一个个小组，各自行动去了。

在爬行的时候，每只松毛虫都不闲着。它们都不停地往外吐丝，走过的地方便留下一条条细细的丝线。丝线的用途不只是帮助它找到原来的路，因为当它原路返回的时候，仍旧在吐丝，要是纯粹为了记录路线的话，没有必要来回都留下记号。其实这些丝线的用途，主要是为了加固它们的窝。

我用剪刀将它们的窝剪开，发现窝里面的松针丝毫未动，仍然长得很茂

盛。可是夏季的时候，帐篷下面的松针总是被啃得掉落下来，为什么冬天松毛虫们在窝中留了这么多美食呢？很明显，这些小家伙知道冬天啃掉松针会导致小窝倒塌，使自己陷入风雪之中，所以它们尽量控制住自己的食欲不去碰冬季帐篷中的松针，使松针免于脱落，房子永远坚固。

在窝的内部，我发现了一条绿叶做成的圆柱，松毛虫正乱七八糟地趴在上面休息。圆柱与圆柱之间，扯着乱七八糟的丝线，上面布满了碎皮屑和干粪。我将它们的屋顶掀掉，阳光透了进来。

白天，松毛虫就躲在窝里睡觉，大家彼此依靠着，透过稀薄的阳光，显得非常温馨。到了晚上六七点的时候，它们会被夜神叫醒，然后伸伸胳膊，踢踢腿，就排成队去寻找松针了。它们有的向上爬吃上面的松针，有的向下爬，有的横向漫无目地闲逛，有的已经排好了短短的纵列。但不管大家向着哪个方向爬行，嘴上始终都挂着一条丝线，随时准备往路边粘贴。于是窝中就布满了这样的丝线，形成一个巨大的丝网。如果天气好的话，每天晚上七点到九点，我都能看到它们在这片松针加工厂中不停地吐丝加固住所。于是它们的住所就越来越大，越来越坚固。有时候它们在吐丝的时候还掺杂一些松针，窝就更结实了。

它们不辞劳苦地往窝中增加丝线，是因为意识到冬天非常寒冷吗？不是的。爬行和吐丝这种活儿，它们刚出生就会了，并不仅仅是在严冬到来时才做这项工作。它们之所以不停地忙碌，是因为它们喜欢劳动带给它们的乐趣，它们好像在说："将窝铺得软软和和，大家挤在一起睡觉，多舒服啊！"怀着这样的劳动激情，它们在松枝上吃吃喝喝到深夜，将自己装丝的小包放得满满的，然后再纺织一会儿，才返回窝里休息。这时候已经凌晨一两点了。

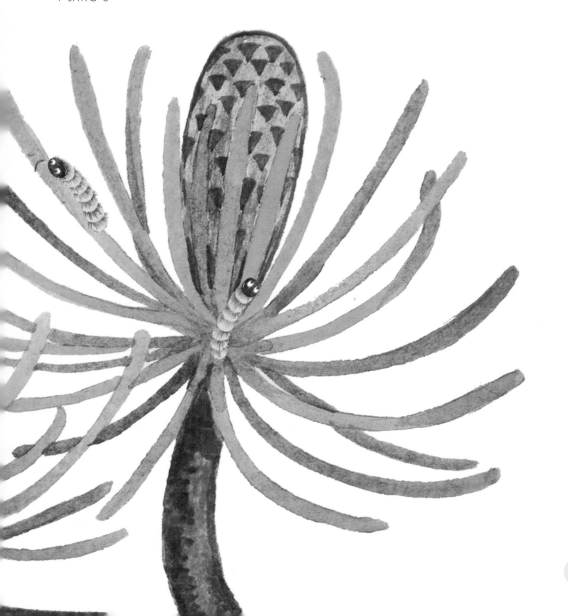

钻透土层的"木乃伊"

经过一个冬天的成长和蜕皮，到来年三月份的时候，松毛虫又排成纵队走出窝，离开松树，开始寻找新的住所。这时候的松毛虫已经浑身发白，背上挂着橙黄色的毛，显出苍老的样子。

它们找到一个合适的地点，集体用头上的大颚挖出了一条坑道，然后挤进去，把自己埋了起来。虽然是集体劳动，但根据土质的不同，每只虫躺的深浅程度不一样。

半个月后，我来挖了一次，挖到一些茧。茧的外层只有很薄一层丝，上面沾满了泥土。它们年轻的时候，出手阔绰地浪费自己的丝，现在是不是因为没有丝了，所以只能织一个很薄的茧？我想是的，年轻时的奢侈只能让它们在年老的时候用一点点丝将周围的泥土松松垮垮地粘起来。不过我偶尔也在沙地上找到一些很干净没有泥土的茧，但数量很少。

无论如何，现在我已经确定茧是生活在土中的。可是，每年的七八月份，松毛虫变成的松毛蛾就出现了，它们是怎样出来的呢？从三月到七月，肯定会下一点雨，雨水会将土地压实，水分蒸发之后，土地会变硬。成虫要想出来，必须钻透这层像砖头一样坚硬的土层，它们必须拥有钻洞的工具和相对简单的服装。所以，从茧到蛾之间，应该还有一种形态，这种形态可以将成虫带出土层。

　　四月，我找了很多松毛虫茧，将它们放到试管底部，上面装满土，我又将泥土压紧。这些土原本有些潮湿，到了八月份，由于气温较高，土壤中的水分蒸发，土就凝结起来，变得很坚固。就这样，我在实验室里营造了一个类似的环境，透过玻璃管，我就可以看到里面会发生什么变化了。

　　茧破了，但出来的并不是我们平常所见的那种蛾，像……怎么说呢？像一个蛾的"木乃伊"。它穿着紧身衣；翅膀是它钻出土层的主要障碍，现在像肩带一样紧贴着胸；触角也是障碍，现在没有张开；原本竖立着的纤毛，一律从前到后倒伏着。总之，全身碍事的器官全部被紧身衣束缚着，只有脚是灵活的，可以帮它敏捷地钻土，爬出地面。

　　来到地面之后，松毛虫慢慢脱掉身上的紧身衣，缓慢展开翅膀和触角，绒毛也膨胀起来，很快，一只漂亮的松毛蛾便出现在我面前。它的背部有一些鳞片，我用针尖稍微摩擦一下，鳞片就到处散落，将来它就会用这些东西来掩护卵。

　　遗憾的是，松毛虫蛾的寿命比较短，一般只有几天，而且只在夜间活动，交配和产卵也都是在夜间进行，所以我很难进一步观察。这个话题以后再说吧。

奇特的"家规"

　　松毛虫家族有一个很奇特的"家规"，大家外出觅食的时候，总喜欢排着纵队前进。纵队最前面那只松毛虫爬到哪里，其他松毛虫便像跟屁虫一样跟在它的"屁股"后面，像踩钢丝绳一样，小心翼翼地踩着前面那只松毛虫

留下的丝线往前爬行。事实上，"头虫"并不比其他虫子有才华，它只是碰巧走在队伍的最前头罢了。如果我们随便打乱它们的队伍，重新整合之后的松毛虫，"头虫"仍然是纵队最前面的那只，但却不一定是刚刚的那只。就这样，平庸的"头虫"在前面爬出来一条什么样的痕迹，后面的"跟屁虫"们就依葫芦画瓢，也随着它在自己身后留下一条什么样的痕迹。

　　每队松毛虫都采取这样的前进方式，找到松针之后，大家才散开享受盛宴，吃饱了之后再排队原路返回。它们总是晚上出来吃饭，来来去去的路上

都是漆黑漆黑的，什么也看不到，所以它们不可能通过视觉找到回家的路。嗅觉也不能帮它们回家，因为我发现将它们饿了几天之后再放到松针面前，它们也没有任何贪婪的表现，这说明它们闻不到食物的香味。指挥它们回家的东西，应该就是来时的丝线。希腊神话中的英雄忒修斯不就是通过一根绳子走出了迷宫吗？丝线就是帮松毛虫走出错综复杂的松针的绳子。

天气比较好的白天，松毛虫会选择做远程探险，从树枝上爬到地上，为以后变成茧探探道路。每只松毛虫在前进的过程中，都牢记"家族祖训"，每爬行几步就吐几口丝，给自己留下返回的记号。哪怕以后结茧时丝不够用了，现在也不能小气，这是"家规"。因此如果是一个很长的松毛虫队列远行，它们走过之后，你就会发现它们身后形成一条较宽的带子，非常容易辨认，这可以帮助它们在返回的途中毫不费力地找到回家的路。

在前进的过程中，如果旅行不如想象中那么顺利，大家不能准时返回自己舒适的窝，那么它们就会集合起来，蜷缩成团，彼此挨着，好像在互相安慰，第二天再重新寻找道路。不过它们最后总能找到返回的丝线，所以即使大家因为觅食四散开来，最终都还能跟上队伍，不会迷路，也不容易落单。总之，这些享受着绝对公平待遇的虫子，总是集体行动，排成整整齐齐的队伍做事。

环形陷阱（一）

　　松毛虫的队列无论长短，都排列得非常整齐。我曾见过一支队员多达300名的队伍，在地上整整齐齐地排列了12米长，像一条波浪形的带子一样，大家都规规矩矩地跟着前面的虫子走。

　　如果我对这支队伍搞一些破坏，结果会怎样？

　　我打算引诱头虫沿着一个圆圈行走，让它们自己用丝线画一个封闭的圆圈。这样它们在寻找回家的丝线的时候，就只能不断地往前走，转一圈再转一圈，永远没有尽头。

　　1896年1月30日的中午，一大队松毛虫爬向花盆。它们到达花盆边沿之后就排成整齐的队伍前进，后面还有一些松毛虫陆陆续续地加入，15分钟之后，头虫回到它最初吐丝的地方，毫不犹豫地前行，后面的松毛虫也跟着过去了，曲线闭合了。

　　由于队伍非常长，后面还有一些松毛虫想往上爬。为了防止它们扰乱队列，我用一只画笔将它们扫走了，然后将花盆边沿多余的丝线扫掉，防止盆沿的丝线与地面结合起来。这样，丝线的头尾就彻底留在花盆沿上了，松毛虫只能沿着盆沿爬行。

　　奇迹出现了！整个花盆边沿都是爬行的松毛虫，大家首尾结合，不再有领队，每只松毛虫前面都有一只松毛虫，所有松毛虫都跟着前面的松毛虫前进。大家跟着丝线，没有一个人改变跑道，毫无例外地跟着前面的虫子亦步亦趋地做着环形运动。它们会永无休止地在这里转圈圈，直到累死自己吗？

1月30日这一整天，花盆上的松毛虫都迈着整齐的步伐，紧跟着前面的松毛虫，机械地前进着，不断在花盆上画出一个又一个圆周。好像钟表上忠实于圆周运动的时针，一直运动了好几个小时，我完全被它们不知疲倦的圆周运动惊呆了。到了晚上九点，由于饥饿和寒冷，松毛虫的速度放慢了一些，它们扭扭屁股，不再前进，原地休息了。十点半，我结束了观察，希望黑夜会为它们带来灵感。

第二天天一亮，我就去看它们。它们开始仍然像昨天那样排列着，一动不动，出太阳后稍微温暖一些，它们又像昨天那样开始了环形运动。

这天晚上，天气仍然十分寒冷，松毛虫队伍被冻成两截。一条松毛虫苏醒之后，离开了原来的环形轨道，在花盆边沿徘徊，试着爬到花盆的泥土中，有六条松毛虫紧紧跟随着它。由于这支队伍的离开，圆周暂时出现了一个缺口，我以为它们的命运就要改变了。可是那只离开队伍的小分队，只是爬到棕榈树上寻找吃的。但棕榈树叶子不合它们的胃口，于是它们又顺着来时的路线，重新返回到花盆边沿，插入大队伍中，圆环重新封闭了，它们又开始做圆周运动。

环形陷阱（二）

松毛虫要想获得解脱，只有两个办法：

一、寒冷使它们蜷缩。这样的话，它们会乱七八糟地聚集在一起取暖。迟早会出现一个到处乱爬的革命者，它也许会开辟出一条新道路，将一些队员带回窝中。刚刚我已经看到了一个革命者，虽然它最后又将自己的小分队带回了环形跑道，革命没有成功，但毕竟它尝试过了。事实上它如果选择走对面的斜坡，就能成功了。

二、疲劳使队伍停下来。某只松毛虫实在没力气走动了，便停下来，这时后面的队伍也会跟着停下来。这样环形曲线就会出现一个缺口。等这只松毛虫重新恢复力气走路的时候，它的前面已经没有别的松毛虫了，它成了一个新的领队。只要它有一点渴望解放的想法，它就可能将整支队伍带出环形陷阱。

也就是说，要摆脱目前的陷阱，必须有一只松毛虫违反沿着前面丝线前

进的"家规"，破除传统，大胆地革新，使环形陷阱出现断裂，这样才可能踏上新的征途，否则大家只能这样永无休止地做圆环运动。

遗憾的是，寒冷和疲劳这样的机会，虽然它们经常遇到，圆环也多次出现断裂，但却没有一只松毛虫突破常规带领队伍解放。它们依旧沿着前面的丝线前进，使圆环一次又一次重新闭合。

从1月30日那一天开始，此后的七天，无论寒冷还是饥饿，都没有使松毛虫中断环形运动。即使最累最饿的时候，它们也只是几只几只聚集起来依偎在一起，使原本整齐的圆形变成一截一截的弧形。太阳出来气温变暖之后，它们又继续前进，恢复了之前的圆形运动。

直到第八天，松毛虫队伍已经出现了大量伤亡，队形不再整齐，圆形丝线做成的痕迹已经不那么规范，花盆的盆沿上出现了很多枝枝杈杈的痕迹，才有一列松毛虫沿着这些痕迹继续往前探索，将整个队伍带出了这个圆形魔咒。

在过去的七天里，除了用于休息的一半时间，其余时间这些松毛虫一直在做圆形运动，总行程为：

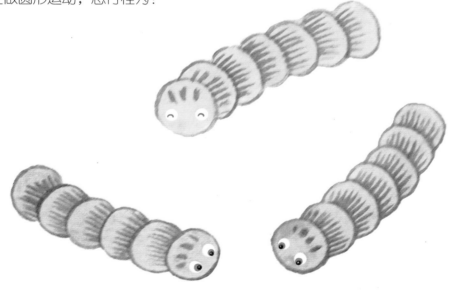

7（天）×24（小时）÷2×5.4（米/小时）=453.6米

注：5.4米/小时为它们的平均速度。

花盆的圆周为1.35米。453.6÷1.35=335。也就是说，在七天之内，松毛虫共绕着花盆走了335圈！

虽然我知道昆虫的智力很低，但看到松毛虫如此盲目地沿着同一个圆圈走了这么多次，我还是感到很震惊。况且它们在这几天中还遭遇了严寒、饥饿、腿受伤等灾难，却依然没有想过改变路线，依然坚持走那条已经走了几百次的错误路线。如果不给它们扔几根分叉的丝线，它们很可能就活活累死在这条老路上。这是执着吗？我宁愿说这是愚昧！

活的 "气压计"

我意外发现，原本勤劳纺织的松毛虫，如果遇到特别恶劣的天气，会停止劳动。于是，我成立了专门的"松毛虫气象台"，设立了两个点，一个在暖房中，没有风吹雨打，可以为我提供有规律、具有连续性的资料，为我发现重大天气情况提供数据。另一个在荒石园的松树上，它可以让我观察到自然状态下松毛虫的活动情况，只要出现一次恶劣天气，它们就一定会待在窝里，因此能在天气轻微变化时为我提供依据。

我们这个地区气压很低，英伦三岛气温骤降，冷空气正向我们这里蔓延，今年整个冬季还没有出现过这么恶劣的天气。到了2月13日，气压突然下降了13毫米汞柱（1毫米汞柱约为0.133千帕），到了19日，下降得更低，又降了4毫米汞柱。连续几天，断断续续地下着小雨，偶尔有寒冷的北风吹过，也有几天清冷清冷的天气，低气压一直持续。

在这几天时间里，荒石园的松毛虫一次也没有出来过。暖房里的松毛虫偶有外出的，但一般都躲在窝中。若天气放晴，它们就出来干活，反之就停止劳动。

由此可见，松毛虫的活动与气压的变化是有一定关联的。细察之后发现，气压计的水银柱略略回升时，松毛虫就走出窝；水银柱下降，它们就闭门不出。2月19日的气压最低，那天，没有一只松毛虫走出来。

还有一个很典型的例子。我从报纸上看到，19日一个低气压将向我们这个地区蔓延，最低气压为750毫米汞柱，同时有一场大风刮来，将带来今年我们这个地区第一次冰冻天气。

这时候，荒石园中的水池已经结了厚厚的一层冰，天气非常寒冷，荒石园中的松毛虫没有一只外出。暖房里的松毛虫虽然不会遭受霜冻，也不会经历松枝被大风刮动的危险，但它们也不出来冒险，不肯出来觅食。

到了25日，大风停止，气压略有回升，一直到月末，都维持在760～770毫米汞柱。这几天，闭门不出的松毛虫开始随意出来散步、进食、纺织，无论是荒石园中的松毛虫，还是暖房中的，都是如此。

类似的例子我还能举出很多，不再重复。

最终我得出了这样一个结论：松毛虫对大气压的变化非常敏感，能够预测即将到来的风雨，由此决定自己是否出窝觅食。这对难以抵抗恶劣气候的它们来说，是一种非常必要的本领。

什么东西在捣乱

在实验室摆弄松毛虫的时候，我觉得自己浑身都很痒。我将它们放到面前查看，吹气，结果我的皮肤很快变红变肿，眼皮和前额甚至感觉到疼痛，比被荨麻刺伤更痛苦，这幅情景把家人吓了一跳。

可是，当我将松毛虫的皮或者碎毛抹到自己身上时，并没有感觉到哪里不舒服啊！痒和痛难道是纤毛上的粉尘引起的？

为了验证我的猜测，我又打开几个虫窝，指头不小心碰到了丝屋，丝屋上还有它们的纤毛，这是松毛虫在不停爬动时留下的。我将这个窝给撕成碎片，反复翻转，结果手指也疼痛起来，尤其是指甲边缘比较敏感的地方，产生像化脓般的刺痛。一整夜我都被这些疼痛折磨得睡不着觉，直到第二天才好一些。

这次我并没有接触松毛虫呀，那是什么东西将我刺痛了呢？

后来，有些茧染上了僵蚕病，我用手指将这些病茧挑出来。这次我的手指一点也没有碰到松毛虫，但仍旧疼痛得厉害，手指依旧肿了起来。

究竟什么东西在捣乱？我借助放大镜观察，看到手指上有橙黄色的纤毛，前半部长着像倒钩的棍子，两端非常锋利。这个东西应该就是痒和痛的根源了。

有一种植物叫做"刺痒痛"，它有毒蛇一样的钩牙，只是它

毛虫的倒钩绒刺

伤害人不是通过钩子，而是通过钩子注射毒液，是毒液让人产生刺痛。松毛虫的纤毛就是这样的钩牙，可是它有这样的毒液吗？

橙色的纤毛上尽管有锋利的尖端，但它只是有毛刺的标枪，上面并没有毒液。我的儿子保尔将一种叫做"雌刺猬"的毛虫抓在手里，它身上可是长了一身又粗又硬的纤毛，可他那娇嫩的皮肤一点也没有受到伤害，也没有疼痛感。

还有一种叫做"伸爪"的毛虫，它身上也长了一身纤毛，但保尔抓了它好多次，也没有一点事。我在放大镜下观察它的纤毛，上面也长了可怕的带刺长毛，比松毛虫的还锋利，可它却不会让人产生痒和痛。

由此可见，引起痒和痛的不是纤毛，否则只要长毛的昆虫应该都会让人痒、痛，松毛虫应该是用别的武器伤害了我。我猜想，引起疼痛的东西被挂或抹在了纤毛上，所以我们接触松毛虫的纤毛时会不舒服；其他昆虫的纤毛上没有这种东西，所以接触之后就没事。

纤毛上的毒素

要想证明昆虫的纤毛上是否有毒液很简单，可以试着用溶剂来提取这种物质，我是用水、乙醇、乙醚三种溶剂做的实验。

实验过程很简单，将松毛虫蜕下的带有乱蓬蓬绒毛的皮放入溶剂中浸泡24小时，然后细心地过滤，再让溶液自然蒸发。

24小时后，实验物被分成了两部分，一部分是松毛虫的皮，上面长着很软的纤毛，它们在浸泡的过程中没有受到一丝伤害，仍然竖着带尖钩的标枪。我狠狠用那些绒毛擦我那敏感的指甲缝，但一点也不觉得疼或痒。

一部分是被这些绒毛浸泡过的溶液，绒毛上如果有东西的话，现在已经全部溶解在这里面了。我又用一张吸水纸蘸了几滴溶液，然后在自己的皮肤上摩擦——这经历实在是太痛苦了，我奉劝想进行此类实验的人小心着点。虽然刚开始的十几个小时里我并没有感觉到什么，但后来被擦过溶液的地方就出现了痒的感觉，而且越来越痒，好像被火烧般地难受，害得我整夜睡不着觉。第二天早上起来，我发现那块皮肤看起来像驴皮一样粗糙，又红又肿，又胀又痛，伤痕非常明显，甚至出现不停滴下浆液的小脓疮，这是溃疡

啊！可怜了我那脆弱的皮肤。两天之后，溃疡才消失，火辣辣的疼痛感也减轻了，只是皮肤变得非常干燥，已经起皮屑了，中间部分还留着红色瘢痕。三周之后，这里的皮肤仍然不太正常，呈苍白色。

这个实验充分表明，使我感到痒和痛的原因，不是因为松毛虫的纤毛扎破了皮肤，而是因为纤毛上的有毒物质让我奇痒难耐。之所以接触到松毛虫或者松毛虫的茧之后会感到痒，就是因为这上面沾有有毒物质。

纤毛所起的是帮凶的作用。碰过松毛虫之后，我立刻会感到痒，这是因为纤毛已经刺破了皮肤，有毒物质直接通过伤口进入人体，自然很快就觉得痒。而那些浸泡过松毛虫皮的溶液之所以过了十几个小时才起作用，是因为没有纤毛为它刺破一个伤口。

而且还有一个证据能间接证明我的结论。摸一条松毛虫，手指的刺痛感可能没那么明显。但是如果将50张松毛虫皮浸泡到溶剂中，然后蒸发，将溶液浓缩成几滴，擦在皮肤上，那种钻心的痒、痛简直无法形容，只有亲自实验过的人才知道这是多么痛苦的事。

好在我有办法减轻痛苦。雷沃米尔曾告诉我们，擦欧芹的汁来缓解松毛虫造成的痒和痛很有效。我试了试，灼热的疼痛感的确减弱了一些，但痛痒感仍然会长时间地延续。我发现马齿苋有很多汁液，就试着用这种植物擦拭痛痒的部分，灼热的疼痛感几乎立刻就没有了。所以我就根据自己的体验，将这种"灵丹妙药"推荐给了护林人，希望能减轻他在打松毛虫窝时产生的痒和痛。

另外，用番茄叶和生菜叶擦拭痒处，效果也不错。

树毛虫的可恶

被我研究的昆虫中，除了松毛虫能使人产生痒、痛之外，还有一种野草莓树毛虫也是这样。它属于蛾类，全身雪白，十分漂亮，腹部几个体节为鲜艳的橙黄色。它的生活习性远不如松毛虫这样富有传奇色彩，所以我不打算详细介绍它，只为大家讲讲它给我们带来的危害。

树毛虫在野草莓树的叶子上产卵，卵孵化后以树叶为生。通常，叶子向光的那一面会被它们啃得只剩下叶脉和表皮，整张树叶皱成一团，看起来像烧焦了一样，树毛虫就蜷缩在叶子里面。它们再发育一段时间，就更贪婪了，不再只吃叶子向光那一面，而是将整片叶子都吃掉，于是野草莓树就渐渐变得光秃秃的了。

更可恶的还不只是这一点。人们拾野草莓树枝烧火之后，或者樵夫穿上顺手放在野草莓树枝上的衣服时，都会被钻心的痒、痛折磨得忍不住想骂人。他们的表情我非常熟悉，那种痛苦就像我用一张蘸着50只松毛虫皮毒液的吸纸擦自己皮肤一样，以至于看到他们那痛苦的表情，我就觉得自己浑身发痒。

我的儿子保尔没意识到树毛虫会有多大的威胁，冒冒失失用镊子帮我夹了几个树毛虫窝。一会儿他就开始挠脖子抓耳朵，脖子上很快就出现了红色的水肿。倒是我自己，因为皮肤粗糙，又经常摆弄它们，所以对它们造成的痒、痛有一定的抵抗力。不过如果接触到快要老熟的虫子，我也会感觉到痒。

鉴于树毛虫与松毛虫相似的习性，我也采取同样的实验方法。将100多张树毛虫皮在溶剂中浸泡了两天，然后过滤，蒸发，用吸纸蘸这些溶液，然后将吸纸贴到前臂内侧。

我是上午贴的，到了晚上，痒、痛就出现了，仍然是灼热的瘙痒，火辣辣的疼。我再次无法入眠，甚至想将那可恶的吸纸给撕下来。但为了科学研究，我仍然勉强坚持。但代价非常大，除了彻夜难眠，吸纸下的皮肤也一片红肿，小脓疮往外渗着脓水，针扎一样的灼痛感一连持续了五天。此后虽然不疼了，但那块皮肤已经被烧坏了，像鳞甲一样的干燥皮屑一片片掉下来。一个月后，那块皮肤上仍有红色斑块。

我经常听到村里烧火的妇女和砍柴的樵夫大骂树毛虫，说它们如何讨厌，让自己浑身又痒又痛。现在看看，无论是从破坏树木生长还是从为人们生活带来的不便来看，它都是一种可恶的虫子，确实该骂。

毒素的来源

　　可以确定的是，松毛虫和树毛虫的纤毛上都存在有毒的物质。现在的问题是，这些有毒物质是从哪里来的？是哪个器官制造了它？

　　我将能引起瘙痒的毛虫和不能引起瘙痒的毛虫一起解剖了。发现它们的内部结构是一样的，甚至器官都是一样的。看来不能单纯地认为有毒物质是某个器官制造的，很可能它们全身都有这样的毒素。

　　我用针尖扎了六只松毛虫，获得了几滴它们的血液。我将这些血液抹到一小片吸纸上，然后用不透水的绷带将这张纸片贴到我的胳膊上。夜里，我再次被疼痛给唤醒。只是这次疼痛对我来说是一件开心的事，因为它证明了我的猜测是正确的，即毒素大量存在于松毛虫的血液中。只要弄清楚了这点，我就可以进行下一步研究了。

　　如果松毛虫的血液中存在毒素，那么也许它的粪便中也有毒素。于是我搜集了一些松毛虫粪便，把它们浸在溶剂中泡了两天，溶剂变绿了。不管这些，我仍旧采取老方法，过滤溶液，蒸发溶液，然后用吸纸蘸溶液，同样贴在自己的皮肤上。

　　结果我再次为自己的实验付出了昂贵的代价，整个晚上我都忍受着痒、痛的煎熬。第二天我撕去吸纸，皮肤出现了红肿、溃疡、变皱等症状。第三天，胀痛感更强烈，前臂的整块皮肤都肿了起来，非常痛苦。为了能安心睡一会儿，我只得涂抹了一些硼砂凡士林，胀痛感才减轻一些。到了第五天，贴吸纸的地方出现了令人恶心的溃疡，我不得不天天早晚换凡士林和纱布。护士都恶心得快要吐了，她还以为我这条手臂被狗咬了呢！直到三周之后，我的皮肤才开始康复，只不过仍然有火辣辣的疼痛感。三个月之后，这里的红斑才完全消失。

这次惨痛的经历告诉我，松毛虫的毒素是血液中的废品，它会将这些有害物质跟自己的粪便一起清除掉。在继续这个话题之前，我先插一些题外话。

松毛虫为什么要分泌这些毒素呢？

有人认为，这是昆虫自我保护的一种手段，使它的敌人看到它时不敢轻易伤害它。我却不这么认为，树毛虫窝里有一种寄生虫，它们一点也不怕痒，专门吃窝里的树毛虫。还有杜鹃，它也不怕，最喜欢吃毛虫，胃里

都是毛虫的毛。还有一种葬尸虫，喜欢搜集死毛虫的尸体，但却从来没被毒死过。

　　还有的人认为，在生存竞争中，为了比其他毛虫活得更久，松毛虫们便分泌出毒素这种具有杀伤力的武器。我对这个说法也感到怀疑，为什么它们觉得自己更需要毒素武装呢？它们与那些没有纤毛的昆虫相比有什么特殊的地方吗？相反，那些没毛的昆虫因为缺少了毛这样的保护层，才更应该用毒素武装起来吧！

　　后来，我在实验中发现，几乎所有的虫子，无论是有毛的虫还是无毛的虫，体内都有毒素，最终排泄出来的粪便都会使人发痒。

痒的虫子和不痒的虫子

　　众所周知，蚕不会使人发痒，也没有纤毛，否则蚕妇的手早被折磨得不成样子了。但我将蚕粪泡到溶剂中，然后过滤、蒸发，用吸纸蘸后贴到皮肤上，皮肤上依然会出现瘙痒、疼痛、溃疡的情况，跟松毛虫的实验结果没什么不同。而养蚕的村妇们，摸到光滑的蚕时没什么抱怨，但若碰到蚕粪，就会眼皮红肿，皮肤又痒又肿，经常劳动的前臂尤其如此。

　　蚕的例子充分证明了我刚才的结论。

　　在此我也警告像蚕妇这样经常与昆虫打交道的人，不要轻易接触它们的粪便，也不要让粪便的灰尘飞到自己的皮肤上，否则你将会饱受痒痛这种酷刑。

　　也许你认为只有蚕这一个例子不具有说服力，那么再让我们看看其他虫子。

　　现在我的实验室中有很多种昆虫的幼虫，它们除了粪便是干燥的粪粒之外，没有任何相似之处。我将它们的粪便浸入溶剂，再过滤、蒸发，用吸纸蘸，贴在皮肤上，无一例外都能引起痒痛和肿胀，只是程度略有不同而已。由此可见，所有幼虫的共性就是，它们都能排泄出引起痒痛的物质，怪不得人们都不喜欢毛虫，认为所有的毛虫都是有毒的。

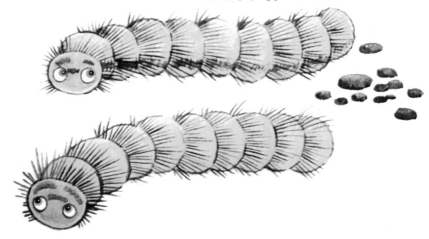

另一个事实是，有的昆虫，人接触之后会有痒痛感，如松毛虫和树毛虫；但多数却不会给人造成不适，如蚕、蝴蝶，尽管它们的粪便中的确有毒素。

这个也很好解释。松毛虫的窝，虽然表面上是一个漂亮的丝织品，但里面却非常脏乱，粪便、皮屑散落得乱七八糟。这些勤劳的纺织工有一半时间都在这里睡觉，它们身上肯定沾染了很多自己的粪便颗粒，所以我们很容易碰到它们身上这些像粉尘一样微小的颗粒，产生痒痛感。

灯蛾毛虫虽然有粗糙的纤毛，但它却是一个浪子，不与其他同类毛虫同居，窝也不固定在一个地方，所以纤毛上很少粘有粪便颗粒。如果它也像松毛虫那样终日睡在垃圾场中，我相信它身上也会粘有毒素，使我们发痒。

蚕呢？虽然过着群居生活，不喜欢流浪，也经常躺在自己粪便上睡大觉，但身上却没有毒素。原因有二：首先蚕身上没有纤毛，不容易粘上粪便颗粒；其次蚕很少直接躺在粪便上，勤劳的蚕妇会经常为它们更换桑叶，它们通常都是躺在桑叶上，就更不容易粘上粪便微尘了。

由此可见，尽管所有昆虫的粪便中都有毒素，但却只有很小一部分让我们产生痒痛感，根本原因在于毒素难以被我们接触，难以发挥作用。

无处不在的毒素

　　我这个人就喜欢刨根问底儿，一个问题非要弄得清清楚楚，透透彻彻。虽然我已经知道了毒素就存在粪便中，但还是忍不住地问一句：这些毒素是食物消化后的残渣吗？如果是，那么除了粪便，"尿液"中也应该有毒素。

　　飞蛾离开蛹之后，会排泄出一种浓稠的物质，我称之为"尿"，并猜测这里面有毒素。于是就准备搜集大量这样的尿液来研究。

　　这里讲一个我经历过的小故事。

　　我拿出一个金属钟形罩，下面放一张白纸，再将一种蝴蝶的蛹放在上面，希望能在它羽化后搜集到一些尿液。15天之后，蝴蝶出来了，白纸上果然留下了一摊液体，我赶紧招呼孩子们来看。

　　这摊液体太恐怖了，因为它的颜色像血液。更恐怖的是，孩子们亲眼看到了这摊血的来历，它是蝴蝶飞起来的一刹那滴下来的。人家说"破茧成蝶"是一件很难的事，恐怕谁也没想到它要付出"滴血"的代价吧。

为避免孩子们受到惊吓，我将他们哄走，并对他们说："以后看到血也不要害怕了，这些都是蝴蝶留下的，只有这样它们才能丢掉那丑陋的茧，变成美丽的蝴蝶！"天真的孩子们果然开心地离开了，留下我独自研究这摊血糊，现在它沉淀在纸上已经变成了胭脂红色。

等白纸彻底干透了，我从中剪下血色最浓的斑点，将它浸泡在溶剂中。斑点的颜色开始变淡，由深色胭脂红变为红色，又变成柠檬黄色。然后我又让溶液蒸发。剩下几滴时，用一张吸纸蘸过之后贴在自己皮肤上，仍然产生了痒痛红肿的效果，同样是火辣辣的疼，同样出现了溃疡，红斑同样是三四个月之后才消失，与松毛虫带给我的痛苦没什么两样。不过我发誓，从此我再也不做这样令人痛苦的实验了，因为现在我已经有铁证证明自己的观点了。

我的朋友听说了我的遭遇之后直说我傻。"你为什么不用老鼠做实验呢？"他说。可是，老鼠会说话吗？它只会吱吱吱地叫，我却无法从它的叫

声中听出它是高兴，还是痒，还是肿胀不适。况且长期与昆虫打交道，让我认识到无论多么低微的生命，都有值得尊重的地方，我不能轻易伤害它们。如果想要心安理得一些，想更清楚地了解实验，最好还是亲自出马，亲自实验，这才是科学的精神。

回过头来说我的实验。我已证明了这种蝴蝶的血液中有毒素，又去试验了蚕蛾、松树蛾、大孔雀蛾等成虫的尿，结果证明其中仍然含有毒素。

一个问题结束了，我又有了新的疑问：是只有松毛虫、蚕、大孔雀蛾虫等鳞翅目昆虫身上有这种毒素吗？其他昆虫身上有没有？

我又用同样的方法检验了花金龟、叶蜂、蝗虫、距螽等昆虫，结果无论是膜翅目昆虫，还是直翅目昆虫，它们的粪便或尿液中都有毒素，都能使人产生痒痛感。我甚至还试了试鸟儿的粪便，遗憾的是它们的排泄物不能让我发痒。

不过这已经足够了，我伤痕累累的胳膊已经向我提出抗议了，但我仍然觉得很值得。起码我可以以非常权威的语气告诉人们，请不要碰昆虫的排泄物，因为它们会让你们又痒又痛。我自认为这个发现是很有价值的，堪比斑蝥素的发现，如果有一套更齐全、更精密的化学仪器，我相信自己能发现更有价值的东西。

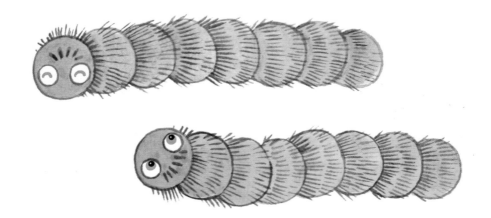

小·贴士：松毛虫的平等社会

你知道吗？松毛虫竟然过着人人平等的社会生活！

我发现，夏天的时候，幼虫的数目要远远大于居住在冬令营中的幼虫数目，而且它们的虫窝发展到最后，体积大小差异很大，最大的比最小的要大五六倍，这是为什么呢？

我猜，松毛虫喜欢一纵列一纵列地在一起劳动，一个纵列就相当于一个家庭，那些体积大的虫窝，就是成员比较多的家庭。新的问题又出现了：为什么有的队列队员多，有的却少？

松毛虫在松枝上来来回回爬行的时候，一边吐着丝，一边看好路爬行，时间长了会忙得晕头转向，找不到自己的丝带，但它们却很容易发现别人的丝带。于是它们就顺着别人的丝带闯进别人的窝中。

别的虫子会像接待自己家人一样接待它们吗？

两只步甲遇到一只蚯蚓，为了争夺这块肥肉，它们会展开激烈而凶残的战斗。它们每次遇到食物都是这样，所以它们不可能共同生活。

成千上万只棚檐石蜂同在一片屋檐下筑巢，这是一座石蜂的城市。可是大家只是邻居而已，不会合作。每个母亲都在为自己的孩子准备舒适的窝，如果谁想不劳而获占据它的房子，它肯定会与对方拼命。它认为房子就是自己的，任何人休想剥夺它对房子的产权。

家蜂虽然是合群的昆虫，大家聚集在一起劳动，但也受着母性利己主义的支配。每个蜂箱只有一只雌蜂，如果出现两只，就会爆发内战。结果是一只被另一只打死，或被迫迁往别处。蜂箱里有两万多只蜜蜂，工蜂虽然也是雌性，但是它们却放弃了"母亲"的身份，只能有一只雌蜂充当"母亲"，但它却不再劳动。

那么松毛虫呢？当一队松毛虫冒冒失失地闯入别人家庭的时候，它们会被无情地赶走或者沦为身份最卑微的工人吗？

不会的！在它们爬行的过程中，每支纵队都可以随时汇集到别人的队列中，别的松毛虫不会与它们吵架，也不会打架，大家就像接待自己家人一样宽容地接受它们。睡觉前，这些本是客人的纵队，也可以以主人翁身份自居，跟主人一起纺织，做着加固房子的工作；到了休息的时候，它们也可以和大家你挨着我，我挨着你，亲密无间地躺在一起呼呼大睡。无论任何时候，任何一只松毛虫或一支松毛虫纵队，都可以无条件地闯入另一个家庭，跟大家一起纺织，一起进食，一起睡觉，根本不用担心被排挤。那些体积比较庞大的虫窝，就是不断涌进新居民，大家合力造窝的结果。

　　为了证实我的想法，我将三支纵列中的队员全部放到一个家庭中，原本的家庭变成了原来的三倍，但大家丝毫没觉得不舒服，宽厚地接纳了这些"外来户"。新来者也不会以客人身份自居，也不管那是自己的巢还是别人的巢，只管跟主人一起劳动。每一条松毛虫都尽了自己应尽的一份力量，大

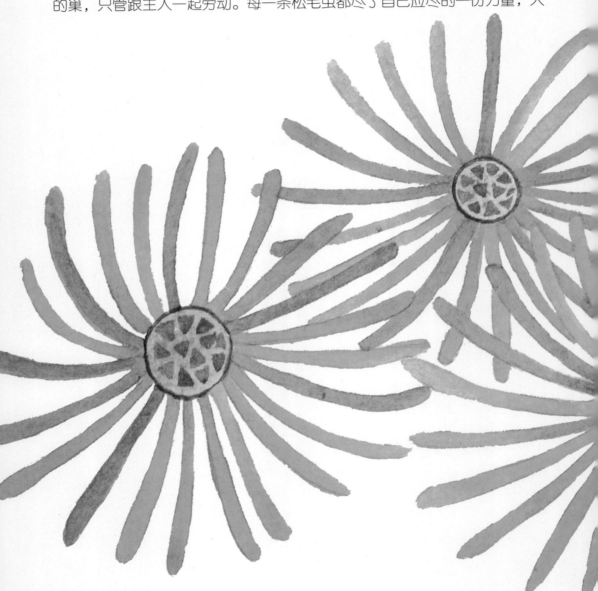

伙儿的劳动量越大，房子也就越大，它们团结一致造就了一个属于大家的温暖壁垒。总之，无论是主人还是客人，大家都没有私心，"我为人人，人人为我"，也许它们就是这样想的，所以都踏踏实实地干活，将劳动视为生活的唯一乐趣，这不正是理想的平等社会才有的景象吗？

况且，那些因为迷路或者因为我的捣乱而搬家的松毛虫，对自己的老家没有一丝留恋。不是因为自己的家不温暖，而是因为所有松毛虫的家都一样温暖，居住在哪里都没关系。"天下都是一样的美好"，也许这就是松毛虫的信念。

松毛虫为什么能实现平等社会？

我想是因为食物。一根松针就够一只松毛虫吃了，松针就在松树上，取之不尽，用之不竭，它只要张张嘴就能吃到。食物如此丰盛，根本就用不着抢别人的，因此就不会有嫉妒，不会有争斗，也不用因缺少食物而为未来担忧。所以它们不会像步甲一样为抢夺一只蚯蚓而打得不可开交，也不会像圣甲虫一样为了争一个粪球而担负着强盗的罪名。况且，所有的松毛虫身材相同，力气相同，服装相同，纺织才能相同。大家没有任何差别，所以它们无论做什么都比较平等，一起劳动，一起吃饭，一起睡觉，没有人偷懒，没有人贪吃，没有人睡懒觉。这只松毛虫做的事情，另一只也会做，谁也不会搞特殊。总之，这是一个真正平等的世界。

形形色色的象虫

色斑菊花象

　　首先说明一点，我认为"色斑菊花象"这个名字完全名不副实。这个单词在希腊语中有两个意思，一个意思是"肥胖的"，另一个意思是"漂亮的"。但这两个特点，色斑菊花象都没有，我并非质疑它的美丽，但在象虫科中，比它漂亮的虫子多得是，它最多算是姿色平凡，所以"漂亮的"这个形容词无论如何也轮不到它的头上。如果让我为它命名的话，我宁愿叫它"朝鲜蓟花托的开发者"，因为它总是在蓟草、矢车菊、刺菜蓟、飞廉等植物上安家落户，尤其喜欢为蓟草修剪蔓枝。

　　从夏天到初冬，蓟草一直占据着路边。美丽的蓝色花朵集成一个多刺的圆球，因此荣获了"蓝刺头"的荣誉称号，它就是色斑菊花象的专属家产了。六月份，色斑菊花象就开始在还只有樱桃大小的蓟草花球上建造房屋了。早上温和又明媚的阳光正适合举行婚礼，一对对色斑菊花象手拉着手匆匆忙忙走进婚姻的殿堂。新郎照旧很快摆脱家庭的负担逃到树叶上吃点心去了，还在蜜月期的新娘则跑到蓝刺头上开始操持家务。

它的劳动工具便是喙。这个奇怪的长鼻子，本来是用来进食的，现在成了产卵的辅助工具。在工作的时候，色斑菊花象将喙完全伸入圆球中，使劲地往里插、挖掘，灵巧的大颚像一把大剪刀一样帮着又钻又剪。然后它又将自己腹部末端放到刚刚挖的坑的入口处。但是它的腹部太大，无法像褶翅小蜂那样直接插进去产卵，因此它需要一个特殊的工具将卵放到窝里。不过我没有看出究竟是哪种工具。

产卵结束后，色斑菊花象又回到花冠上，将茎梗压紧，将扒出来的花朵往后推，为的是将孩子隐藏起来，避免敌人骚扰。

几小时之后，我借助放大镜观察蓝刺头上的变化。色斑菊花象产卵的地方都有一个斑点，颜色稍有褪色。我取出这些褪色的花团，在底部找到了色斑菊花象的卵，它们被安藏在一个圆形小房间里。圆形小房间在圆球的正

中间，头状花序的花托上。花簇的中央有一个洞口，这里应该是卵呼吸的窗户。

　　大约一周之后，卵孵化了，花托上出现了长着橙黄色脑袋的白色颗粒。这些小家伙吃什么呢？只有蓝刺头及其枝条而已。然而维持它们生命活动的粮食也很简单，它们的大颚只是小心翼翼地啃咬小球的表面，一个小球足够三只小虫吃，它们只吃这么一点点粮食吗？这真是一个奇迹，让人不敢相信。

　　我捉了几只长大的色斑菊花象幼虫，将它们放到玻璃管中，然后喂它们蓝刺头。但这些小家伙根本不肯吃，最多将自己的嘴唇放上去蹭蹭，然后就不安地离开，最后它们活活饿死了。由此可见蓝刺头并不是它们的食物。

　　它们吃的其实是蓝色花朵上的汁液。玻璃管中的蓝刺头离开了植物的根，就失去了水分，所以幼虫们就饿死了。但若将它们放到一颗活着的蓝刺头上，它们就平安无事。

　　色斑菊花象的日常生活大致就是这样了。此后幼虫会一边进食长大，一边盖房子，再羽化为成虫，在蓝刺头上结婚生子。它的传记暂时就写到这里了。

强大的本能（一）

色斑菊花象在吸吮汁液的时候非常小心，很少过分啃咬花托和花柱。这些是房子的框架，如果遭到破坏，整个房子就会被风吹得东倒西歪，很不安全。因此进食对它们来说也是一门艺术，既要喝到充足的汁液，又要避免损害房子的框架。所以蓝刺头饱受它们的"折磨"，但依然能开出美丽的花儿，只是随着幼虫一天天长大，色斑一天天变大，蓝色花朵看起来就有些"脏"。走近一看，原来每块斑点后面都住着一只幼虫。

幼虫就住在花托里。随着它们一天天长大，头状花序的小花不断被拔掉、往后推，慢慢地小花的顶部就会涨起来，变成一个驼背形状。幼虫就隐藏在里面，不用担心烈日的暴晒。

花朵搭建成的住所虽然很简单，但却不牢固。幼虫必须为自己准备一个

更好的住宅。我看到色斑菊花象幼虫不时将自己的身体弯曲成圆圈，使自己的首尾接触，然后用大颚舔自己的尾部，将排泄出来的汁液搜集起来。说得直白一些，就是用嘴接住自己的粪便——人类社会谁要敢这么做，那他肯定会被看作一个疯子。我们不必为色斑菊花象幼虫的行为感到羞耻，因为这就是它们的生活方式，是神圣的大自然安排给它们的命运，也是它们的权利。

这些汁液有黏性。幼虫搜集好之后，就将它们均匀地摊到小屋缺口的边

斑菊花象幼虫

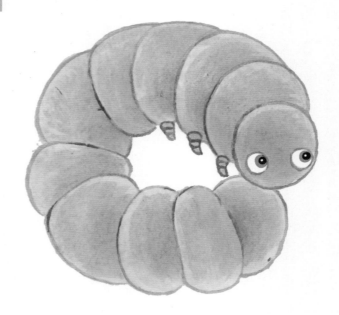

沿处。然后啃咬附近的小花，嚼碎，挑选一些颗粒，将这些颗粒放到刚才的黏液上，再用自己的屁股挤压结实，打磨光滑。然后重新弯曲身体排泄，装修其他有缺口的地方。这样忙活了一天，工程停了下来。因为蓟草被我拔掉插到杯子中了，一天后就干了，无法再为幼虫提供新鲜的汁液，于是幼虫也就无法再排泄，再修整房子了。

看到这里，你还会为色斑菊花象幼虫的行为感到恶心吗？没有这种黏性

排泄物，就没有它的房子，就没有安全，种族就不能延续。可以说，粪便拯救了一条生命，一个种族。如果没有这种粪便，你让它用什么来建房子呢？它的世界就只有一个花托，它的粮食只有汁液，除此之外，它再也没有别的财产。而求助于肠子这个唯一的助手获得特殊的"建材"，恐怕也是只有虫子才能接受的施工方案吧！其实，这些看似恶心的建筑方法，并非色斑菊花象幼虫自己独有，其他象虫、花金龟等都知道这种方法。

在这个由特殊"水泥"制造的房子里，色斑菊花象幼虫完成了变态过程。冬天到了，它就会搬家了。你也许会奇怪，这样费尽心思盖的房子，怎么就轻易舍弃了呢？当初我也有这样的疑问，不过很快我就找到了它搬家的

理由——凛冽的寒风会将蓝刺头连根拔起，昔日美丽的蓝刺头会成为一堆烂泥。谁的房子经过这一番折腾还能牢固依旧？色斑菊花象幼虫似乎预见了自己的未来，所以趁房子还没倒塌，及时搬出危险之地。当然，我试验室中的蓝刺头不容易被风雪侵袭，也不容易倒下，幼虫搬家也更晚，总是在房子快不能住的时候才离开。由此可见，色斑菊花象幼虫有一定的预见能力，这是本能赋予它的。

我再补充一个事实。一只色斑菊花象母亲不小心将一枚卵掉到叶子上，而没有产到花托上。结果这只卵孵化后，自己切开蓟草的茎，喝着流出来的汁液，为自己修建了一个与头状花序一样的房子，只是缺少了小花屋顶做掩护，它就用叶子代替了。

这说明了什么呢？环境不影响昆虫技艺的发挥。在头状花序里生活也好，在叶子上生活也罢，只要它拥有工作的本能，就能适应不同的环境，不会因为环境的变化而放弃自己的技能。

强大的本能（二）

我曾经说过，本能与母爱有关，越爱护后代的昆虫，本能就越强大。节腹泥蜂、砂泥蜂等膜翅目昆虫及食粪虫的传记已经说明了这点。我今天要补充的是，昆虫母亲产卵离开之后，"母爱"的本能就消失了。

例如松树鳃金龟，它在产卵之前，会努力用腹部挖井，无论工程多么浩大，任务多么艰巨，它都不会放弃，最后甚至将自己的脑袋也钻了下去。可是它在这里产下卵之后，就永远地离开了。谁如果将这个洞给填起来，它就没有后代了。

再比如天牛，它背着自己的丈夫到处寻找产卵的地点，用产卵管在各处试探、触摸，非常辛苦。可产卵完成之后，它就狠心地与自己的孩子永别了。

还有花金龟，它从蛹里钻出来之后，就专门寻找腐烂的树叶，找最暖和

的地方，将自己的孩子安置在那里，然后也撒手不管了。

不仅仅它们三种，自然界中大多数昆虫母亲都是这样。在产卵前，它们都会尽心尽力找最好的处所，建造最好的房子，为孩子准备足够多的口粮，直到它认为一切已经非常完美了，才开始产卵。但产卵结束了，它与孩子的关系也结束了，它不会再对孩子说一句贴心的话，更不会为它们遮风挡雨，尽一个母亲的责任。

以后的"虫生"会怎样？母亲已经为孩子们铺垫好一切，已经尽完了应尽的责任，剩下的"虫生"，就要靠它们自己走了。昆虫幼虫能否顺利成长，就看它是否拥有母亲那样优秀的本能了。

松树鳃金龟幼虫会顺着地洞往下挖，寻找植物的根吃。植物的根慢慢腐烂坏死了，说明它正在自力更生地养活自己。

天牛幼虫背着自己的卵壳，伸出稚嫩的牙齿，将枯死的树皮嚼成粉末。然后再挖一个竖井，钻到树干深处，开始三年一边钻洞一边进食的生活。

花金龟幼虫养活自己比较容易，因为腐烂的草堆就是它的食物。它只要保护好自己不让敌人发现就行了。

总之，大多数昆虫的童年，都是在失去父母呵护的条件下度过的。它们没有父母的抚爱，无法受到良好的教育，但为了生存，它们必须具备非常强大的技艺，努力养活自己。色斑菊花象幼虫就是一个最好的例子。

色斑菊花象的母亲除了产卵，什么也不干。将来的房子，幼虫必须自己修建，食物当然也是自己寻找。可见小家伙们多么能干啊！它们缺少加固房子的"水泥"，就忍受着恶心，用嘴叼着自己的粪便，一点一点将建筑材料粘起来。为了过上舒适的生活，它们还想到将植物的绒毛做成褥子，为自己打造出一个温暖坚固的城堡。色斑菊花象幼虫的房子虽然简陋，但它却知道在冬天到来、蓝刺头倒下之前将家搬到一个安全的地方。小小年纪就有这样高瞻远瞩的预见能力，这是多么强大的本能啊！

植物的秘密

俗话说，人不能忘本，幼虫的本能再强大，也离不开母亲的指导。试想，如果色斑菊花象不将卵产在蓝刺头上，幼虫去哪里寻找粮食？靠什么建造屋子？所以说，无论母亲的本能多么低下，在产卵之前，它都要思考"将孩子安放到什么地方"这个问题，解决这个问题，也是需要智慧的。

粉蝶的幼虫喜欢吃甘蓝，它就将卵产在这里，尽管甘蓝的黄花并不是它自己的最爱，但它依然会努力满足孩子的需求。

蛱蝶的幼虫喜欢荨麻，蛱蝶就飞到这里，尽管它一点也不喜欢这种食物。

松树鳃金龟的幼虫喜欢吃禾本科植物的侧根，松树鳃金龟就离开自己喜爱的针叶，来到禾本科植物扎根的沙地上产卵，尽管它自己对这个地方一点也不感兴趣。

花金龟的幼虫喜欢居住在"藏污纳垢"的腐质土中，花金龟自己却喜欢在蔷薇和山楂树的伞状花序上跳舞，可为了孩子，它离开了漂亮的"舞厅"，来到恶臭之地产卵。

究竟是什么指引了母亲们？

表面上看，似乎是饮食，成虫记得童年的点心，所以又为孩子准备了同样的食物。

如果母亲与孩子吃同样的食物，这个解释还说得过去。比如说食粪虫，它们自己喜欢吃粪便，所以以粪便为原料，为孩子加工出了可口的粪球。

如果母亲与孩子的食物不一样呢？比如说大头泥蜂，它自己吃蜂蜜，但它的孩子却喜欢吃蜜蜂的肉，一点蜂蜜也吃不得；还有飞蝗泥蜂，自己喜欢吸刺芹的汁液，但却为孩子准备了蟋蟀肉。

有人就说，这是因为昆虫们有记忆，记得自己小时候的口味。那么，你还记得你小时候吃奶的情景吗？如果不是看到一个母亲正在为孩子喂养母乳，我猜你绝对想不到自己小时候是吃奶的。人类这样高智商的动物尚且不记得小时候的事，昆虫这样低等的动物又怎么会记得呢？

看到我这么刻薄的反驳，也许你会向我询问这个问题的答案。老实说，我也不知道母亲是通过什么了解孩子的饮食喜好，这是一个难解的谜。恐怕昆虫母亲自己也不知道，自己是如何知道孩子的胃口和承受能力的。

昆虫母亲对产卵地点的选择还是很有天分的。

色斑菊花象毫不犹豫地选择了蓝刺头和披针形蓟草，这两种花的颜色完全不同，一个花冠大，一个花冠小，一个长相凶恶，一个样子和善。熊背菊花象选择较为多样化，但也止于平原上的飞廉和万杜山上的飞廉；这两种飞廉从外表看很不相同，连经常与它们打交道的农民也不知道它们是同类植物，像我这样专门研究动植物的，也只有通过阅读和学习才明白它们是同类；熊背菊花象却一眼就认出它们都是自己家族的食物。还有斯氏菊花象，它有时在高大的刺菜蓟和朝鲜蓟上产卵，有时在矮小的矢车菊上工作，这两种植物如此不同，它却一视同仁地接受了，似乎它天生就知道这两种植物是亲戚。

这些看似迥异的植物，也许拥有相似的气味，相似的绒毛，或者幼虫喜欢的其他相似的东西。我们可能分辨不出来，但昆虫一眼就分辨出来了，这是上帝赐予它们的本能，它们天生就了解，我们却只有通过掌握足够多的生物知识之后才知道。

花托上的其他居民

　　熊背菊花象的名字也不够贴切。我想叫它"飞廉开发者"，因为它最喜欢飞廉，它的幼虫总是独居在花盘中央。其他熊背菊花象如果看到这里已经有一个居民，一般就不在此产卵，否则它的孩子会因为已经有了先来者而饿死。

　　熊背菊花象的产卵过程与色斑菊花象类似，这里不再重复。与色斑菊花象所不同的是，熊背菊花象的幼虫不靠花托的汁液为生。它们认为只靠"稀粥"不能填饱肚子，因此它们除了喝花托的汁液，还吃花盘。我在八月时打开了一些飞廉的头状花序，看到有些居民已经变成了淡红色的蛹，没转化为蛹的幼虫则在里面蹦跳，好像在责怪我打扰了它们的晚宴。食物就全部藏在花托底部的锥形里，幼虫要吃东西就下去，在那里毫无顾忌地乱啃乱咬。但它们却从不毁坏花托壁，似乎明白那是不安全的。两周之后，它就将花托的锥形部分掏空了，一直延伸到茎，为自己建造出一个窝。头状花序的花和茎的绒毛是华丽的屋顶，由黏性物质黏合着，不会塌下来。现在，整个房间没有一扇门，连个窗户也没有。熊背菊花象幼虫就在这里过着与世隔绝的生活，饿了就吃花朵的汁液和花盘。

花盘属于固体食物，消化之后应该会产生残渣，但我却没有在头状花序中找到残渣。这个长期蜗居在封闭房间里的小隐士把它们藏到哪里去了？原来，它用嘴小心地将这些粪便收集起来，用大颚剪将其摊开，然后用额头和屁股将其压紧，再从墙壁上拔一些植物的绒毛，混合着这些粪便，一起粘到"天花板"上，并注意小心地打磨光滑，屋子就被装修一新，比色斑菊花象的茅屋更结实，还具有防雨水的作用呢！加之飞廉这种植物茎秆粗硬，不易被风吹倒，所以屋子建在这里更坚固，不必在风雨天气中搬家。所以一年四季，我无论什么时候打开飞廉的头状花序，都能在这里找到熊背菊花象。即使它的身体已经被严冬的酷寒冻僵，来年五月份温暖的阳光也会将它温柔地唤醒。

　　与熊背菊花象一样能制造出牢固房子的还有斯氏菊花象，它最喜欢刺菜蓟和朝鲜蓟的花托，认为它们味道肥美，还能提供结实的地基。的确，这两种植物的球冠就有两个拳头那么大，花托也比得上半个柑橘，所以食物丰盛的幼虫常吃得肥肥胖胖的。它们才不管人们是否喜欢欣赏蓟花，只管在它们蓝色的小花中忙活着盖房子。它们的房子像镶嵌在花托中间的小塔，非常别致。花托很大，每只幼虫都可以在里面建造自己的小塔。不了解内情的人看到这么多别致的卧室，还以为看到胡蜂的巢了呢！

撒斑菊花象也是一位花托加工者，它的工厂也设立在蓟草上，隐藏在白色玫瑰型花球里。植物学家为蓟草的名字加了一个定语"凶恶的"，合起来就是"凶恶的蓟草"。与其他植物相比，它就是一个浑身长刺的家伙，一般虫子、鸟儿不敢轻易欺负它，但撒斑菊花象却是一个例外。它的家族世世代代在"凶恶的蓟草"上安家落户。它的幼虫也懂得利用蓟草风吹不倒的特点，在花托上建一个非常牢固的家。

欧洲栎象的"长鼻子"

我相信你第一眼看到欧洲栎象时，肯定会为它滑稽的"鼻子"所吸引。这个鼻子就像印第安人的长烟管一样，很长，很细，又像一根长在额头上的长矛。

你知道这个"长鼻子"是干什么的吗？

有些人可能对这个问题不屑一顾，认为它不值得关注。但任何东西都有它存在的理由，更何况它是生命的组成部分，在关键时候肯定能起重要作用。

十月上旬，很多昆虫都准备冬眠或者已经死掉了，这个顶着"长鼻子"的昆虫仍然在辛勤地工作。工地就是绿色的橡栗，它再有三周左右就成熟了，成熟后它会掉落。我将一根爬有欧洲栎象的树枝从橡树上折下来，上面的欧洲栎象没有意识到工地已经迁移，仍旧牢固地攀在光滑的树枝上。

这个"长鼻子"是欧洲栎象的喙，像菊花象的一样，是用来钻探的。它拖着它笨拙地围绕着橡栗转圈，在橡栗上反复地画半圆。"长鼻子"尖端逐步下滑，一个小时后，就完全钻进橡栗了，然后栎象将它拔出，结束了工作。

工地上会发生什么变化？我仔细查看，里面并没有卵，它只是在这里挖了一个井而已。为什么会是一个空井？这是一个问题。

为了回答这个问题，我又捉了很多欧洲栎象，放到我的实验室养起来。在野外观察很不容易，因为有时候钻井过程长达几个小时，太慢了。这些虫子告诉我，它们最喜欢三种橡树：麻栎、白栎、灌栎。其中又最喜欢灌栎，因为它结出的果实肥大，能为幼虫提供丰盛的食物；白栎则因为果实干瘪狭长而被最后选中。我采集了这三种橡树的枝，一端放在金属网罩下面，另一端插进水中以保持新鲜。

实验室中的欧洲栎象在搬来后的第二天就开始干活了。它像我先前看到的那样，拖着"长鼻子"围绕着橡栗转来转去，爬来爬去，最后它相中了一颗橡栗，准备用"长鼻子"在上面钻一个孔。由于"鼻子"太长，转身很不方便，它就先用后足抬起身体，与鞘翅和后跗节形成一个竖立起来的三脚架，使长鼻子的尖端转向自己。就这样，欧洲栎象开始在橡栗上一点一点地探索，不时地变换"长鼻子"的方向，一点点啃咬、钻探面前的橡栗，一步步向前推进。

欧洲栎象的工作姿势虽然很滑稽，但却能达到钻探的目的。可惜的是这种方法不够完美，我经常能在橡栗上看到它们的尸体。它们的"长鼻子"插在橡栗上，身体远离地面，悬在半空中，身体已经干枯。这一切都拜它的"长鼻子"所赐——因为它的钻探工具太长了，尖端插进橡栗之后，身体滑动或因其他失误，使它的后足无法抓牢支撑物，脱离地面，被"长鼻子"腾空吊起来了。可怜的欧洲栎象拼命挣扎，但却找不到可抓的东西，时间久了，就累死或饿死了，而它的"长鼻子"仍然插在工地上。

好在这样的"工伤"事故只是偶然发生，一般工程进展还是比较顺利的，只是进行得非常慢而已。我连续观察它八个小时也没看出什么进展，只好请全家人轮流监督它，它就在我们全家人的眼皮子底下探索、转圈、插入探头、拔出，钻出一个又一个空井。

细心的母亲

　　我们全家人轮流观察了欧洲栎象的钻井情况，过程非常漫长，从两个小时到半天不等，但这些井却大多数为空井，里面没有一枚卵。

　　这让我百思不得其解。钻井这种工作非常吃力，搞不好还会发生意外事故，费时又危险，栎象为什么只钻了一个空井，而不把自己的孩子安置在里面？

　　一般来说，橡栗嵌在橡栗壳里，幼虫就住在里面，有卵存在的橡栗很容易辨认。只要你在那光滑而又绿油油的外壳上看到一个针孔大小的小点，周围围着褐色的晕（刚钻的则没有被晕包围），这就是欧洲栎象的井了。如果这口井里有卵，那么你就会发现卵总是在井的底部，幼虫出生后张嘴就可以吃到这里的棉絮一样的果肉。吃了最外层的果肉之后，幼虫就会长大一些，变得更强壮，就可以吃橡栗深处坚硬的果肉。

　　所以我推测，欧洲栎象在钻孔之前之所以转来转去，用钻头东探探、西查查，就是在勘察。比如说了解一下里面是否已经有其他幼虫居住了。尽管橡栗很大，但却只够一只欧洲栎象幼虫使用，我在一颗橡栗里从来都没找到过两只欧洲栎象幼虫。所以栎象母亲在产卵之前，要仔细查看，橡栗的底部是否住着另一枚卵。我可以根据橡栗上是否有针孔来判断里面是否已经住了其他居民，而欧洲栎象个头小，视野有限，所以它需要转来转去查看。

检查之后，当栎象母亲认为某个橡栗果实丰满，就会伸出"长鼻子"，开始几个小时的钻探工作。钻探完成，不知它又有什么不满的地方，所以没有轻易将卵产在井里，留下一个又一个空井。

那么，欧洲栎象钻一个空井，纯粹是为了满足自己的食欲，将长长的钻头伸进去喝几口美味可口的饮料吗？

我不赞同这个观点。如果是这样的话，雄虫也有"长鼻子"，应该也会将钻头伸进橡栗中取食，但我从未见它们这样做过。何况欧洲栎象并不是一群贪吃的家伙，它们平常只吃一点东西维持体力就行了，不必冒着生命危险钻这么多井吸取里面那一点汁液。即使它偶尔心血来潮想喝一点，也没必要钻这么多空井，所以这肯定不是它的根本目的。

真相应该是这样的：卵总是被放到最底部，那里的果肉汁液很可口，新生的幼虫胃很弱，只能消化这样的食物，只有长大变强壮之后才能啃较硬的食物。但产卵的时候橡栗还没有完全成熟，还在继续发育、长大，橡栗会越长越硬，汁液越来越少，这样的食物是难以下咽的。所以母亲在寻找产卵地点时，除了要确保自己所选的橡栗里面

没有卵，还要自己先尝尝橡栗的果肉是否适合幼虫的胃。如果食物太硬，就放弃产卵，留下一口空井；如果果肉软硬适中又美味可口，它就选择在这里产卵。这就像我们人类，母亲在给孩子喂粥的时候，自己先尝一尝，如果粥的味道可口，冷热适中，就喂给孩子，否则就不喂。

　　只有这样解释欧洲栎象的辛勤劳动才说得过去。由此可见，母亲在为孩子准备口粮的时候，对粮食的要求是多么严格啊！

井底的卵

　　还有一个问题：卵总是被放到井的最底部，也就是汁液最多、果肉最嫩的地方。但这里距离入口很远，它是怎样被放进去的？

　　你可别小看这个问题，伟大的科学往往产生于这些微不足道的细节上。很久以前，肯定会有人发现，将琥珀放在衣服上摩擦后能吸引麦秸。第一个发现这种现象的人肯定不以为然，但没想到这就是"电"。而有心人对这个看似微不足道的问题探究一番，终于发现了这种世界上最强大的能量之一——电力。千万年以来，每年都会有苹果落地，但一般人认为这件事一点也不值得大惊小怪，牛顿却根据这个现象发现了万有引力定律，对近代科学影响深远。类似的例子还有很多，所以身为一个科学家、观察家，对生活中的任何现象都不能掉以轻心，说不定最微不足道的事物中就蕴含着伟大的道理。所以，现在你也不要嘲笑我的问题幼稚。

　　不了解情况的人很可能会这样认为：卵被产在井口，孵化之后，幼虫自己爬到井底，找到最美味的食物。但这个说法明显是错误的。据我的观察，

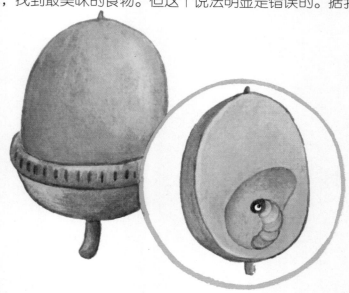

卵总是直接被产在井底，从来不在井口。

也许会有人说，卵被产在井口，但下面是空井，没有支撑物，于是它就像一块石头一样掉了下去，一直掉到井底。这个说法也不合理。首先井非常狭窄，欧洲栎象还在井壁上凿了一些屑，卵根本就掉不下去。况且，橡栗的叶柄有的直立，有的倒立，卵即使落下，也应该受地心引力的影响，落向地面的方向。那么在不同的橡栗上，应该是有的落在井底，有的则刚好相反在井口，而卵是从来都不在井口的。

杜鹃将卵产在草坪上，但不管产在什么地方，它最终都会将卵衔到黄莺的窝里。欧洲栎象也会将卵衔着放到井底吗？我在欧洲栎象身上并没有发现这样一个能够往下放东西的工具，而且这样将卵穿过硬屑塞进去，卵很容易被挤碎，一个母亲绝不会采取如此冒险的产卵方式。

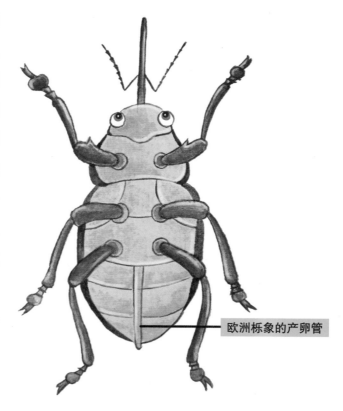

欧洲栎象的产卵管

蝈蝈产卵的时候，有一个像剑一样的产卵管，直接插入土中产卵就可以了；褶翅小蜂的产卵管本身就是一个探头，产卵管钻进石蜂的巢壁之后，一样可以轻松产卵。可是欧洲栎象身上并没有这样锋利的产卵管啊！它的腹部末端什么也没有，它是怎样将卵产在井底的呢？别人提供的解释我都一一否定了，但我自己也找不到问题的答案，感觉很挫败。

后来，我对几只欧洲栎象进行了解剖，结果令我大吃一惊。这个家伙腹部末端平坦，但内部却长了一个奇怪的尖头桩，几乎像它的"长鼻子"那样长，占据了整个身体。只是这个尖头桩是一个管状物，一端较大，像一个榴弹发射筒，另一端鼓胀，出现一个卵泡。很明显，这就是欧洲栎象的产卵工具了。"长鼻子"向橡栗中钻多深，它就能伸多深，产卵的时候直接将尖头桩伸到尽头，卵就成功地待在井底了。

现在欧洲栎象产卵的全过程应该很清晰了。它先检查一遍橡栗，确定别人没把卵产在这里，然后才伸出长长的喙开始挖井，尝一尝果肉，一旦确定某个橡栗的果肉多，汁液丰盛，它就决定在这里产卵。于是它拔掉"长鼻子"这个钻头，转过身来，将腹部对准井口，抽出体内的产卵工具，使它像一把锋利的剑一样直插井底，开始产卵，然后再将自己的产卵工具缩回肚子内，最后怀着一个母亲的喜悦轻松地离开了。

如果不将欧洲栎象解剖，谁能想象欧洲栎象的肚子里藏着一把像蝈蝈、褶翅小蜂那样的"剑"呢？这样一个看似不足为奇的现象背后隐藏着深奥的生物学本质。

"隐士"榛子象

　　榛子象是一个真正的隐士，它几乎终生将自己包裹在榛子果仁中。榛子的表层既没有留门，也没有留窗户，谁也别想进来打扰它，而它自己却可以躲在家中大口大口地享受美食。你咬开一粒榛子，如果觉得味苦，还觉得黏糊糊的，那么我对你表示同情，因为你咬到的就是这个隐士。我尽量不去想象榛子象令人恶心的一面，而是怀着对生命的尊重，将它从封闭的房间里请出来，请它为我讲讲自己的传记。

　　榛子象的幼虫白白胖胖，独居在象虫果仁中。农夫们比较迷信，他们在果实表皮找不到蛀孔，不知道幼虫是怎样进去的，就说这是因为月亮和污浊的空气。不知道这个荒唐的逻辑是怎么来的。科学地说，榛子象肯定是从外

部来的，榛子树不可能自己长出一只虫子来。

借助放大镜仔细观察，我发现榛子的壳底下有一块凹窝。这里呈淡白色，外表比较粗糙，这只壳的两瓣就在这里接合。旁边偏外一点，有一个棕红色的点，榛子象就是从这里进去的。

鉴于它与欧洲栎象生活方式的相似性，产卵过程我就不详细介绍了，只讲讲榛子象幼虫的迁徙。

幼虫终日呆在房中吃吃喝喝，吃够了，就会钻出榛子。出口孔通常与幼虫的头一样大，身体的宽度却是它头部的三倍，但它也能从这个洞里钻出来。出洞的细节，由于发生在榛子内部，我无法观察，只能推测：幼虫头部先钻出来，然后是肥胖的颈部和身体，它就努力伸长自己，使身体变细变长，然后一点一点地向前移动，直到后面的体节全部出来。

这个过程很缓慢，我相信幼虫自己也很不耐烦，它将已经解脱的部位弯曲起来，再直立、摇摆。这个过程好像我们拔钉子，一边往外拉，一边摇

晃，钉子很快就出来了。它则是在拔自己留在榛子内部的身体。在摇摆的同时，它的大颚还不停地张张合合，好像在使劲呐喊、用力。我想象着，它就像樵夫用力砍柴一样，樵夫每呐喊一声，就挥动一下斧头，幼虫每呐喊一声，身子就向外移动一点，直到最终彻底解放。

一旦获得解放，榛子象幼虫就在附近挖掘出一个小坑，将自己埋进去，然后在这里度过一个寒冷的冬天，完成变态。

上述这些事，总是发生在夏天。你一定很奇怪，它为什么不在来年榛子树长出玫瑰色雌蕊时离开呢？夏天离开不是太早了吗？起码它可以在自己的封闭城堡中度过多雨的秋季和寒冷的冬季。况且地底下很不安全，它那娇嫩的皮肤和鲜美的肉质很可能引来食肉昆虫的追捕。

榛子象幼虫迁徙到地下自然有它的理由。榛子最终肯定会掉落在地上。田鼠是一个喜欢搜集果核的家伙，它会在夜深人静的时候来到橡树底下找吃的。如果让它发现果核中卧着一只粉嘟嘟的幼虫，那么它不但有果仁可吃，还会为意外的荤菜而惊喜，毫不客气地将榛子象幼虫吃掉。

另外，如果幼虫在榛子中一直待到发育为成虫才出来，钻出过程就很难了。成虫的喙只能钻一个小针孔，直径与卵大小差不多，根本没办法挖一个直径很大的洞让自己的身体全部钻出来。如果它也长着欧洲栎象那样的"长鼻子"的话，情况就更糟了，那么长的工具让它根本没办法转身，更别说干活钻洞了。

总之，幼虫在变态之前搬出榛子是非常明智的，既可以逃避田鼠的迫害，又避免变为成虫之后逃不出来憋死在里面。它也有预知自己未来的能力，这样优秀的本能同样值得赞叹。

制作叶卷的青杨绿卷象

　　青杨绿卷象是这样一种神奇的小虫：它并不将卵产在花托或果仁上，而是将树叶卷起来，将卵产在裹层之中，叶子既是幼虫的家，也是它的食物。

　　春天，杨树的嫩叶还没完全舒展开，青杨绿卷象就从容地干起活来。它的首要工作是挑选树叶，树枝中部的树叶是最理想的。上面的树叶很嫩，但不够宽大；下部的树叶虽然大，但又太老，不容易卷起来；而中间的叶子又嫩又大，闪着成熟绿叶的光芒，是青杨绿卷象幼虫的最爱。

　　爪子是青杨绿卷象的首要劳动工具，它的形状像一个秤钩，跗节下部有纤毛，这可以让它在干活的时候抓得更牢，足以爬上光滑的垂直物，也可以让它像苍蝇那样背朝下趴在天花板上。它的喙不太长，既可以做钻探工具，也可以做一把抹刀使用，这也是工作时必不可少的一件工具。

　　在自然状态下，由于汁液丰富，杨树叶是张开的，即使被外力卷起，也会马上舒展开来。所以青杨绿卷象必须想办法使它变得柔软易卷些。要做到这一点，一般人可能会想，可以摘下杨树叶或等它落下来，再等它变枯萎之后用。但这一点对象虫却不适用，地上危机重重，它

宁愿在树枝上工作。更重要的是，幼虫不喜欢吃枯萎的叶子，因为里面已经没有可口的汁液了。

最理想的树叶，应是有一定的汁液以确保叶子新鲜，汁液又不要太多以防不容易卷起。青杨绿卷象有办法做到这一点，那就是切断汁液的供应。因此，一旦它选好中意的树叶之后，就先用喙往叶柄那里钻，打开一个小而深的缺口。这样，汁液的导管就被切断，只有少量汁液被输送到叶片上。同时，由于叶柄被切断，树叶就无法承受重量，受伤的部位便开始下垂，缺少汁液让它很快变得柔软，青杨绿卷象就可以放手卷了。

这一点让我想到节腹泥蜂等动物性昆虫，它们捕猎的时候只让猎物失去反抗能力，却不让它死。青杨绿卷象用喙啄树叶的过程与此类似，它有办法让叶子不再保持伸开的状态，但却又让一点点汁液通过，确保叶子既乖乖地被卷起，又能维持生命力。如果说节腹泥蜂是一个优秀的麻醉师，知道猎物的神经节分布；那么青杨绿卷象也是，它知道树叶的叶脉和叶柄分布，可以

"麻醉"树叶，用自己的喙将树叶的导管破坏掉。

青杨绿卷象总是从正面一个钝角开始卷树叶。现在它又一次向我展示了它在力学方面的造诣：树叶的正面光滑，容易卷起，所以必须充当内部；而背面有叶脉，很有弹力，不容易被卷，因此放在外部，用这种方法卷叶子是非常省力的。

在卷树叶的时候，青杨绿卷象的三只足放在已经卷起的部分，另外三只放在没卷起的部分，六只足一边牢牢地站着，一边使劲用力交替着卷，一片叶子慢慢被它卷成了圆柱形。这个过程需要好几个小时，它既要腾出足来卷叶子，又要保持身体平衡，还要防止卷好的叶子再伸展开来，况且树叶悬在半空，站上去非常吃力，这些都是它要克服的困难。所以它不得不花费很长时间压紧叶边，防止它重新伸展开。

费了九牛二虎之力，一个叶卷总算卷好了。我打开它的作品，看到每一层都至少有一枚卵，有的还有两三枚，卵像一个个琥珀珠子似的贴在树叶上，稍微震动一下就会掉下来。由此可见卷叶和产卵工作是同时进行的，这更增加了卷叶的难度。工作如此繁重，怪不得这位母亲的寿命只有两三周。

奇特的婚俗

当青杨绿卷象在卷杨树叶的时候，另一只美丽的虫子正把葡萄树叶子卷成一只雪茄，它就是身材姣好的葡萄树象。

选择叶子、切断叶柄、卷叶子、产卵等这些工作，葡萄树象与青杨绿卷象是类似的，我就不再重复。我这里为大家讲讲它们的婚俗。

葡萄树象母亲耐心卷叶子的时候，父亲总是在附近，通常在同一片叶子上观看，偶尔会假惺惺地跑过来，充当助手；但它明显不喜欢干活，主要目的在于调戏"美女"。雌葡萄树象往往被它的殷勤所迷惑，答应与之交配，雄虫满足后就离开。卷一支葡萄叶雪茄往往需要好几个小时，雄虫就不时地跑过来，它的要求总是能得到满足。

类似的习惯也见于青杨绿卷象。雄虫也总是站在雌虫附近，偶尔过来帮帮忙，但它非常笨拙，往往还卷不了半圈就跑到一边休息，嘴里可能还在向雌虫说着甜言蜜语。雌虫最终被它打动，暂时结束卷叶的工作，与它交配，然后继续工作，雄虫又退缩到一边等着，过一会儿又来寻求交配。雌虫完成一个叶卷期间，这样的事要发生三四次。

一般的昆虫，总是先交配，从此便忙于做家务和产卵，不会再第二次交配。蚕蛾一生产卵几百枚，蜜蜂则多达几万枚，这样多产的母亲，一生也只与雄虫交配一次，而青杨绿卷象和葡萄树象这样一边工作一边纵情的昆虫，真是少见。其实昆虫的婚俗，并不是单一遵循一种模式，而是各种各样。

最典型的是天牛。天牛母亲在做家务的时候，天牛父亲总是趴在它的身上，母亲走到哪里，便把父亲背到哪里。整整一个七月，它们总是在一边

产卵，一边交配。雄天牛很少从伴侣身上下来，即使下来一会儿也是快速进食，然后再度返回到伴侣身上。产卵结束，两只虫子也累得筋疲力尽，于是它们分开，很快就死去。

总之，昆虫世界中无奇不有，各种各样的婚俗也是它们生活习性的一个亮点。

最后我简要介绍一下我的实验情况。无论是青杨绿卷象还是葡萄树象，卵孵化得都很快，五六天而已。我将幼虫连同叶卷一同放到玻璃瓶中，但几个星期之后它们就奄奄一息，不久就全死了。分析原因，我认为它们是被饿死了，因为在干燥的瓶子里，叶子不久就枯萎了。正常情况下它们应该生活在野外，叶子落下来之后，下面有牧草和潮湿的泥土，能为它们提供较湿润的环境。这一点我已经证实，在玻璃瓶中铺一层湿润的沙土幼虫们就生机勃勃，而且令我惊奇的是，在这种环境下即使已经枯萎腐烂的叶子，幼虫也吃得很香。六周之后，叶卷已经变得破破烂烂，幼虫也已经长大成熟。它们离开叶卷，来到沙土上到处挖掘，用排泄物当水泥黏住沙土，粉刷墙壁，做成一个精致的蛹室，在地下完成变态过程。到了来年四月，象虫们像它们的母亲一样爬到杨树上、葡萄树上，开始了伟大的卷叶工作。

黑刺李象

拥有什么样的劳动工具，就要做什么样的工作吗？为什么有的小虫开发花托，有的钻探果仁，有的却卷叶子呢？是不是因为它们的劳动工具不同？

你还记得黄斑蜂与采脂蜂的故事吗？它们二者长相相似，一个做着采集绒毛的工作，一个却喜欢用树脂加固房子，一个是采绒工，一个却是采脂工。可见相同的劳动工具却可以做不同的工作，工具并不决定本能。今天，同样的事又发生在象虫身上。

在众多象虫中，黑刺李象是较特别的一种。从外观上看，它应该干着卷叶子的工作，因为它同青杨绿卷象和葡萄树象一样，都有弯曲的喙，很适合戳穿叶柄，都长着秤钩一样的足，能牢牢地抓住支撑点。不了解真相的人第一眼看到它，一定会将它并到卷叶象虫中。可它却是一个很善于伪装自己的昆虫，长着卷叶象的外貌，但却做着果仁钻探者的工作。它最喜欢的事就是帮孩子挑选黑刺李果仁，为孩子建造果核住宅。青杨绿卷象和葡萄树象用弯曲的喙戳穿叶柄，它却拿来在坚硬的果核上面挖洞。

当然，黑刺李象也与青杨绿卷象和葡萄树象长相相似，只是它不再吃树

叶，而改吃果仁，以吃淀粉为生。它的幼虫迁徙方式也与后两者不同，青杨绿卷象和葡萄树象幼虫只须穿过腐烂不堪的树叶就行了，它却要像榛子象幼虫那样，钻破果仁那坚硬厚实的墙。

为什么同样是象虫，大家的分工却这么不同呢？它们是不是亲戚呢？如果是，谁是它们的共同祖先？一个卷叶工？还是一个果核开发者？可是这些工作一点都不相同，它们最后又是怎样分化开了呢？现在还是让我们好好认识一下黑刺李象吧，它至少还有一个很值得我们关注的地方，那就是它们造的"尖顶"。

六月是黑刺李象产卵的时候。母亲会先将黑刺李的果肉吃干净，吃不完的就啄掉，然后它在上面挖一个小坑，露出里面的果核，然后再用喙在果核上啄一个"小盆"，卵就产在这里。最后，母亲再用小坑旁边的果肉做成一个有孔道通向外面的尖顶。当然，在此期间，雄虫依然等候在旁边，准备着随时与之交配。

我的疑问是，母亲是怎样造一个尖顶呢？它又有什么作用呢？

在自然状态下，黑刺李象幼虫在果核上挖一个洞就可以吃到下面的果仁了。它们挖洞时必然会留下木屑。这些木屑没地方可放，幼虫的胃又承受不了，所以它就用背拱几下，通过尖顶的孔道将废木屑推到了外面。所以我认为这个尖顶是一个排物通道。

尖顶仅仅充当垃圾通道，这似

乎又太奢侈了。黑刺李被咬破的地方有树胶汇集，而尖顶部位却没有这些汇集物。如果对树胶的流动不管不问，那么它们就完全可能流到放卵的地方，凝固成硬块，将卵牢牢粘在那里。尖顶的建立避免了这一点，它就像一道屏障一样挡住了树胶的继续流动，因此它又发挥着护城墙的作用。

仅仅这两个作用，我觉得尖顶已经是一个很了不起的建筑了，没想到它还有第三个作用。

所有的卵都需要呼吸，如果卵室没有气窗，卵就会缺氧而死。黑刺李象的卵待在一个封闭的果核中，周围都是不透水不透气的树脂，它更需要新鲜空气。尖顶这次成了一个气窗。为了验证这一点，我特意在尖顶入口涂抹了很多树胶，结果三个月过去了，我没见到一只幼虫爬出来，我将入口被堵住的果核砸碎，发现大部分幼虫都死了，有几条没死的，也缺乏活力。

尖顶的三大作用，一个比一个重要。若没有它，黑刺李象家族就面临着灭顶之灾。黑刺李象母亲却能聪明地预测到这一点，为卵建造了一个集排污、防御、通气功能为一体的绝妙工程。我不得不承认，在昆虫界，黑刺李象是了不起的建筑专家和发明家。

小·贴士：象虫家族

你知道吗？象虫家族的职业并不仅限于以上三种，而是多种多样的，有的象虫喜欢吃豆，如豌豆象、菜豆象，还有的喜欢吃树枝，如球象。

就拿豌豆象来说吧，它敢于同人类争夺食物，将豌豆这样可口的食物悄悄偷给自己的孩子吃。豌豆才刚刚褪掉花蒂，长出嫩荚，豌豆象便匆匆忙忙将卵产在上面，丝毫不顾及豌豆还没成熟，孩子还没有食物可吃。粗心的母亲只想快些将卵巢内的卵赶快全部倒出来。反正豌豆会逐渐成熟，总会有一些孩子能吃到成熟豌豆而存活下来——这是一个多么不负责任的母亲啊！

更令人震惊的是，豌豆象没有欧洲栎象、菊花象那样的喙做钻头，没法将卵安置在食物内部，所以只好马马虎虎地将卵撒在豌豆上，不管烈日是否将卵晒干，也不管卵是否被风吹走，被雨水冲掉。卵要想在这样恶劣的环境中存活下来，必须有一套抗炎热、抗干燥、抗雨水的法宝。

另外，一个豆荚只够一只幼虫食用，但粗心的母亲

82

却总是产好几枚卵，最多的我见过一个豆荚上放了八个孩子，这就意味着其中七个孩子将被饿死。

总之，我从来没见过这么不负责任的母亲。在这种马虎的照料下，幼虫即使侥幸存活，最后也可能沦为一种寄生虫的美餐。好在幼虫努力学会照顾自己，才让这个家族勉强存活了下来。

再来看看球象。不过我忍不住先要批评一下那些衣着华丽的昆虫，比如穿着散发金属光泽外衣的步甲，它除了会杀死一只蜗牛然后大吃大喝，别的什么也不会。而球象呢？它虽然看似朴素卑微，其实却是一个很有才华的虫子。

球象的个头比胡椒粒还小，它与榛子象一样，将孩子放在食物丰富的果仁中，自己却只吮吸一些嫩枝的汁液。表面上看，幼虫似乎以毛蕊花的果仁为生，但我剥开毛蕊花的果实，从来没见到过卵和幼虫，却出乎意料地在嫩枝上见到它们将树皮剥光。我试图用镊子将这些残害植物的幼虫夹走。它们觉得自己的安全受到了威胁，便排泄出一种黏液粘在镊子上面，我怎么甩也甩不掉。除了吃树枝，它们也吃叶子。在吃叶子的时候，它们一拱一拱地在上面排泄出那种黏性物质粘住自己，即使树枝被风吹起也不必担心会掉下来。

黏液对球象来说是一种很重要的物质，它除了粘住球象帮它稳固位置，还是建房子的材料。它会持续数小时地排泄，将自己包在排泄物中，等待排泄物变硬，形成一层坚硬的球形外壳。24小时之后，幼虫已经用排泄物为自己建造了一个漂亮的小卵泡。然后它又用了一天时间粉刷内部墙壁，再之后它就蜕皮，变成了一只蛹，接下来就是成虫了。

　　由此可见，球象的生活习惯很特别。球象母亲虽然在毛蕊花果实中产卵，但这里却不留一点粮食，而是被彻底清空。卵孵化后，幼虫就立刻搬家，从一枝树枝上到另一枝树枝上，从一片树叶上到另一片树叶上，然后选择一块风水宝地，开始不断地排泄，用排泄物造一个漂亮的蛹室。在这里睡几个月，然后再出来成双成对地结婚生子。

　　幼虫一出生就要承担着自己寻找食物、建造房屋的使命，这究竟是球象种族的进步还是倒退？我不清楚，但我对这两种演进路径均持怀疑态度，也许它们天生就是如此呢！这个问题太复杂了，在这里就暂时不讨论了。

叶 甲

负泥虫以粪便为衣

如果说昆虫世界中有一种昆虫令我感到恶心，那么它就是负泥虫，学名百合花叶甲。

春天，百合花盛开，为美丽的大自然增添了一份美丽。走近一看，上面趴了一只朱红色虫子，若伸手去抓，它便心惊胆战地掉落在地。索性不管它吧，反正被赶走后它自己还会重新爬上来。可等几天我再去看时，发现百合的叶子已经残破得像一块破抹布了，而且上面还涂满了暗绿色的脏东西。观察之后会发现，这堆脏东西还在慢慢移动。我忍住恶心，用一根麦秸秆轻轻

拨动，里面钻出一只淡橘色幼虫，肚子圆鼓鼓的，毫无美感可言，这就是百合花叶甲的幼虫了。

　　被我剥掉的脏东西，就是百合花叶甲幼虫的粪便，同时也是它的外套。与一般动物朝下排便的方式不同，百合花叶甲幼虫朝上排便，它的背部就是专门收集粪便的工具。它的粪便呈环形，一圈挨着一圈，由尾部慢慢向头部扩展，形成一个波浪形状的脊背，粪便做成的外套便这样形成了。现在你了解人们为什么厌恶地称它为"负泥虫"了吧！

粪便外衣做成之后，百合花叶甲幼虫并未停止排便，它依旧不时地往外排泄，为自己的外套添加修饰品。它一边爬一边修饰，于是前面的衣服不断变旧，新的粪便外套不断补充。有时候，可能爬行运动太过剧烈，幼虫背部的外套会掉下来，露出它的裸体。不习惯裸体示人的幼虫会马上排泄出大量粪便掩盖自己，很快就加工好了一件新衣服。

爬来爬去，百合花叶甲幼虫经过的路上便留下一堆堆暗绿色的脏东西。美丽的百合花就这样被它污染了。然而百合花的灾难还不仅于此。幼虫会不断地啃咬花葶，只留下破烂的茎，连正在盛开的百合花，也会被这个恶心的小东西啃咬、排泄。结果，象征纯洁的花儿变成了一个令人厌恶的厕所。

百合花叶甲幼虫这么令人讨厌的举动，是谁教它的吗？并不是，它天生就这样。

五月是百合花叶甲产卵的日子。这位母亲会小心翼翼地将卵产在叶子的背面，然后用一层黏性东西粘起来。12天之后，卵将会孵化，幼虫们很快便在卵壳附近进食起来。慷慨的百合花为它们提供了足够多的食物。渐渐地，幼虫的肚子开始鼓起来，肠子开始运作，一粒粪球从肛门排泄出来，幼虫马上有条不紊地将排泄物放到身体后端，不一会儿，它就用粪便为自己缝制了一件外套。

它为什么要披上这么一件令人恶心的外套呢？是为了避免骄阳晒伤它那幼嫩的皮肤吗？很有可能。是为了令敌人避而远之吗？也有可能——谁会吃得下这么一堆恶心的东西。

请你暂时放下对百合花叶甲幼虫的厌恶吧！每个生命都有自己的怪癖。我们人类不是也曾经喜欢穿用撑架撑起的衬裙吗？那时的衣服好像一个钢圈防护罩。不是也有人喜欢戴用坚硬的箍子撑起来的大礼帽吗？那种帽子现在看起来像裹住人们脑门的"紧箍咒"。所以在嘲笑虫子的时候，最好先看看我们自己是否也有令人奇怪的习惯。

至于这个小东西为什么要穿一件这么奇怪的外套，先让我们看看它的亲戚田野叶甲和十二点叶甲怎么回答。

赤身裸体的田野叶甲

　　田野叶甲虽然与百合花叶甲是近亲，但它的幼虫却没有像这位古怪亲戚一样披着一件粪便外套，而是全身光溜溜的，非常干净。

　　虽然田野叶甲幼虫的肛门不承担加工粪便的责任，但对田野叶甲幼虫来说，它仍然是一个非常重要的器官，能够帮助幼虫移动。田野叶甲幼虫的前部比较细，后部很肥胖，足很短，且很靠前，肛门变成了支撑身体的鼓泡，让它像我们人类的手指一样弯曲自如。这个依靠肛门活动的昆虫就像一个杂技演员一样，时而缠绕树枝，时而推动身体向前移动。休息的时候，它便将肥胖的屁股放在后足上，前部优雅地抬起，头笔直地竖立，很像一个狮身人面像——在它午睡或者消化食物的时候，你会经常看到这个姿势。

　　遗憾的是，这个会摆优雅姿势的幼虫非常容易受到伤害。很多身材矮小的小飞虫会趁它休息的时候，悄悄来到它面前，在它头顶嗡嗡叫一会儿便飞走了。它们不是来为幼虫唱歌的，这些只会吮吸植物汁液的坏蛋，我才不相信它们会改邪归正。它们飞走之后，我检查了那些田野叶甲幼虫。在它们身上发现了一粒粒白点点，我怀疑这些点点是小飞虫产的卵，于是将所有身上有白点点的田野叶甲幼虫拿到实验室里喂养，观察它们身体的变化。

坏蛋果然喜欢做坏事，我的猜测没有错。那些身上有白点点的叶甲幼虫被我养了一个月之后，身体开始萎缩，原本肥胖的身体现在布满了皱褶，不久体色便转为褐色。到最后，它的身体就只剩下一层干燥的外壳，再之后，外壳裂出一条缝，一只蛹出来了，又过了几天，蛹中羽化出一只小飞虫，它就是弥寄蝇。

弥寄蝇是一种典型的寄生虫，它总是寄生在各种幼虫的体内，那些叶甲幼虫身上的白点点，就是弥寄蝇的卵。这些卵孵化之后，就轻轻地穿破叶甲幼虫的皮肤，跑到它的体内开始啃食它的内脏。这个过程非常巧妙，叶甲幼虫几乎感觉不到疼痛，而且伤口很快就会愈合。所以我没见叶甲幼虫有什么痛苦的表现，它依旧像一个杂技演员一样快乐地依靠肛门扭动着肥胖的身

体。可这些寄生虫是多么可恶啊，它啃食着寄主的内脏，却不让寄主感觉到疼痛；它也不会咬寄主的重要器官，否则寄主会很快死掉，它只是谨慎地吃里面肥美的脂肪。当寄生虫感觉自己快要成熟时，就没有必要留着寄主的性命了，它会将寄主的身体彻底掏空，只留下一个空壳，暂时掩藏着它们自己，直到它认为时机成熟才羽化出来。

有一点让我稍感舒心的是，一只叶甲幼虫身上往往趴着很多弥寄蝇卵，但最终只有一只能够成功地羽化出来，另外的卵或幼虫，则在生存竞争中被胜利者杀害或吃掉了，叶甲幼虫的身体就是它们残酷斗争的战场。

尽管寄生虫之间会发生内讧，但最终总会有一个胜利者，让以寄生为终

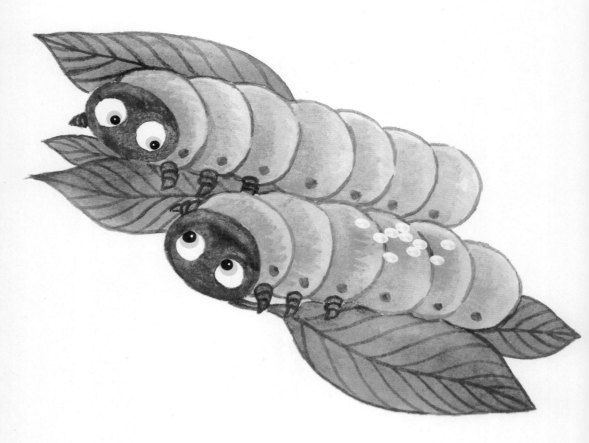

身事业的家族得以延续。于是代代的弥寄蝇仍不停地为非作歹，代代叶甲幼虫也不断受到它们的蚕食，这是自然界的残酷法则，谁也无法更改。

怎样遏制弥寄蝇的破坏？

百合花叶甲穿了一件令人恶心的外套，避免了被寄生的灾难。田野叶甲呈现在阳光下的是光溜溜的裸体，所以它肥美的嫩肉很快就被寄生虫发现了，命运悲惨。那么，有没有一种既不必穿这么恶心的外套，又可以顺利躲开弥寄蝇的方法？

十二点叶甲似乎能告诉我们答案。

无法逃避的灾难

　　十二点叶甲母亲将卵放到未成熟的果子里。幼虫孵化之后，喜欢过深居简出的生活，总是躺在果子里睡大觉。随着果肉被吃光，果子便掉下来。没东西可吃的幼虫，便钻破果皮，来到地面。在此之前，弥寄蝇不容易发现它们，所以它们暂时安全了。

　　遗憾的是，它仍然无法逃脱被寄生的命运。

　　七月份是十二点叶甲成虫来到世上的日子。可被我拿回实验室的幼虫最终却没有羽化出十二点叶甲，而是羽化出一种纤细漂亮的蓝黑色小蜂。它们就是十二点叶甲幼虫的寄生者。

　　寄生发生的时间在果实被掏空时。这时果实完全变成了一个只有外壳的半透明空壳，弥寄蝇完全可以穿破果皮，在幼虫身上产上很多卵。除了弥寄蝇，还有这种蓝黑色小蜂，它像一个稳操胜券的猎人一样，大模大样地将卵

产在十二点叶甲幼虫身上。

对此，我们又能说什么吗？通俗地讲，进食就是杀戮，整个自然界一直在进行着杀戮，从未停止过。我们人类也吃植物，吃肉，吃蛋，杀了小麦种子，杀了牛羊，杀了母鸡的孩子。我们吃东西的餐桌，实际上就是一个残酷的祭坛，充满了血腥味。燕子够温柔吧？可它一天要杀掉多少生命啊！小燕子像箭一样飞过，正在阳光下欢舞的大蚊虫、蚊子、小飞虫便瞬间死亡，迅速地成为它喙下的美食，再过一会儿又成了鸟粪。可刚刚这些昆虫还在为大家跳舞啊！真相是残酷的，杀戮是永恒的。有些人不忍心看到这样惨无人道的屠杀，提出一些完美但却不切合实际的理想——谁不吃食物能活下去？！目前似乎只有植物是自给自足的，只吸收空气中的二氧化碳，为自己的叶子提供粮食。但动物仅靠空气是不能存活的，还要摄取其他营养物质。而所有的动物都不会用自己的器官制造美食，所以只能靠吃其他生物来补充。

因此，叶甲幼虫无论是摆出令人恐怖的狮身人面像姿势，还是躲在果子里不肯出来，最终都无法逃脱被寄生的命运。狡猾的敌人总有办法钻进它们的身体，吸食肥美的汁液。

披着粪便的百合花叶甲幼虫能逃过厄运吗？仍然有寄生蝇能发现它。当它长大成熟，从地下钻出来的时候，就会脱掉粪便外套，将肥美干净的身体呈现在阳光下。可是百合花叶甲少年时期这唯一的日光浴，还是让寄生蝇发现了，讨厌的寄生蝇毫不犹豫地将卵产在它身上。于是，一向被保护得严严实实的百合花叶甲幼虫，也成为寄生蝇餐桌上的盛宴。

现在回过头来看看这三种叶甲。最容易被寄生虫迫害的是田野叶甲，它赤身裸体地生活在野外，最容易被发现；其次是十二点叶甲，果实搭成的小

窝成为它暂时的城堡，可一旦它走出城堡，灾难就降临了；最后是百合花叶甲，尽管它最后也可能被寄生，但粪便做成的外衣还是发挥了令寄生虫避而远之的作用。

从外表上看，这三种叶甲的幼虫非常相像，身材大小和体色都没什么不同，非专业人士根本不能将它们区别开来。但我们现在却可以根据幼虫的本能将它们区分开来，因为它们的本能是那么不同：一个什么预防措施也没有，一个知道寻找果实做成屋子保护自己，一个则以粪便外衣保护自己。

叶甲的植物学

　　除了粪便外套，百合花叶甲还有一个值得关注的地方，那就是它对植物的认识。

　　百合花叶甲幼虫从地下钻出来羽化为成虫的时候，正值盛夏。这时候百合花早已经凋谢，叶子也已枯萎，只有茎还保留着活力。总之百合花已经不能为昆虫提供粮食了。那么接下来的两个月，百合花叶甲吃什么呢？如果它可以不吃不喝地度过盛夏，还不如躺在地下舒适阴凉的蛹室里睡大觉呢！

　　只要是生命，肯定是需要进食的，即使百合花已经凋零，百合花叶甲也要吃东西。

　　我费尽心思为它们找了一些还有些发绿的百合花梗，它们吃得津津有味。它们从土里钻出来之后已经饿了两天了，我所提供的有限食物，很快便被吃得精光。我应该再为它们寻找什么食物呢？

　　在植物学中，百合科有三大类，分别是百合花、阿福花、芦笋。当我将阿福花拿来给百合花叶甲吃的时候，它们不是很喜欢吃，不久便体质衰弱饿死了。芦笋的情况也差不多。这意味着什么呢？以往的经验告诉我，我们有必要进一步区分阿福花系列和百合花系列的植物。

百合花系列中最有代表性的是古典百合花，这是叶甲最喜欢的植物，然后还有其他百合花和贝母，受欢迎的程度仅次于古典百合花，受欢迎程度排在最后的是郁金香，只是它也是在春天生长，因此我无法为负泥虫提供这种植物。

芦笋则是田野叶甲和十二点叶甲的最爱。但负泥虫对它一点儿也不喜欢，不过能接受铃兰和黄精——这两种植物的外表与它所喜欢的百合可是有着天壤之别呀！

除此之外，负泥虫还吃菝葜的嫩叶。这是一种野生藤本植物，总是缠在篱笆上，秋末会结出漂亮的红色小浆果。

既然负泥虫肯吃菝葜，我觉得它也应该会接受冬青。冬青是一种小灌木，叶子青翠，果实鲜艳，好像珊瑚珠子。只是冬青质地粗糙，老叶应该难以下咽，所

以我特地为负泥虫摘了刚发芽的嫩叶。可是它却对我精心准备的食物不屑一顾。

　　这又说明了什么？昆虫对植物的认识，要比我们人类对植物的认识深刻。负泥虫喜欢的食物，应该有两类，百合花和菝葜。而菝葜在我们人类的植物学中，是一个植物科，冬青就属于菝葜科，而负泥虫不肯吃它，拒绝承认它是菝葜科的一员。或许我们在进行植物分类时，还应当慎重考虑一下这位昆虫植物学家的意见。

　　菝葜科的另一个代表是芦笋。不过这种植物是田野叶甲和十二点叶甲的最爱，除此之外，这两种叶甲拒绝接受任何植物，即使七月份它们刚从地下

钻出来找不到芦笋，也不愿意转而去吃其他植物。

种种情况说明，叶甲比较早熟，在夏季就羽化了，不必担心忍饥挨饿。负泥虫没有百合花可吃的时候，可以吃菠葜、铃兰、黄精，也许还会吃其他同科的植物。其他两种叶甲则比较幸运，因为芦笋一直到冬初，都始终长着诱人的绿叶。

所以，我根本不必担心叶甲们会挨饿。它们生活在地面的有限时间里，总能找到自己可以接受的食物，而等到秋天过后，它们就该冬眠了。

泡沫生产者

五月底，百合花叶甲幼虫老熟，于是它离开百合花枝叶，在根部用泥土建造了一个豌豆般大小的窝。这个窝是一个空心圆球，为了防止坍塌，百合花叶甲必须用一种黏合剂将泥土打湿、粘住。我很想知道这是一个怎样的过程，于是挖开了一些幼虫的小屋。

幼虫在建造屋子的时候，会从嘴里喷出一股泡沫——这些泡沫跟打发的蛋清一样。然后幼虫会将这些泡沫涂抹到洞口的缺口，反复几次，洞口就被堵住了。我将一些幼虫放到玻璃管中，清清楚楚地看到它们不停地喷泡沫，连一点泥土也不需要。这样喷了几个小时之后，它们就被泡沫掩埋了。呈现给我的是一个晶莹洁白又布满气孔的小球。

我将一只正在喷泡沫的幼虫解剖了，看到它的食道周围并没有唾液腺，也没有丝管。这说明泡沫既不是丝，也不是它的唾液。那么，这些泡沫究竟是怎样产生的呢？我在它的腹中发现了一个引人注目的嗉囊，里面充满了无色的黏性物质——这就是泡沫的来源了。于是我猜想，当负泥虫变态的时候，它不再需要粪便了，于是就用胃囊储存泡沫，为它建筑新房子提供材料。

田野叶甲和十二点叶甲的情况也类似，它们也都有嗉囊，都是用泡沫物质建窝，不再重复。

这让我想起另一种昆虫，牧草沫蝉，它的拉丁学名意为"唾沫携带者"。

每年四月份，人们都会在牧场上看到一小堆一小堆的白色泡沫。这些泡沫絮团太多太大，不像是过往行人吐的唾液。北方农民以为这是杜鹃的"杰作"，所以称之为"杜鹃唾沫"。更荒谬的是，还有人称之为"青蛙唾沫"。这两个名字真是冤枉了杜鹃和青蛙。实际上，这件事的"元凶"

是牧草沫蝉。

　　那么牧草沫蝉是怎样制作泡沫的呢？它将针一样的口器插到树叶里，开始吸里面的汁液。清澈透明的液体渗出来了，没有一点泡沫。可见嘴并不是它加工泡沫的器官。汁液随着吸吮不断上升，在牧草沫蝉的身下滑动着，当汁液将它的身子淹没一半的时候，泡沫出现了。

　　使液体产生泡沫有两种方法，一种是像搅蛋清一样搅拌，一种是将空气注入液体中。牧草沫蝉采用的方法是第二种。只是它没有肺这样输送空气的器官，所以它只能靠着类似鼓风机的身体结构来吹注空气。我在牧草沫蝉的肠子末端发现了一个裂成Y字形的小袋子。裂开的两瓣不停地一张

一合，这就是它的"鼓风机"了。这两个唇瓣张开时，空气就进入，闭合时，空气就被阻隔。通过这样的张张合合，液体里充满了空气，于是产生了泡沫。

之后我在两片唇瓣之间安放了一个细长玻璃管，模仿"鼓风机"往里面吹气，竟然没有产生气泡——就像往清水里吹气一样。所以我推测，牧草沫蝉的液体里应该含有某种类似肥皂的东西。而它的"肥皂厂"，就在"鼓风机"的底部，由肠子提供。

说到这里，我又想起了负泥虫的泡沫。那是它建造蛹室的材料，躲在里面既安全又舒适。而牧草沫蝉，也是经常用泡沫掩埋自己。用泡沫来保护自己是这两种昆虫共同的才能。可惜它们的近亲们并没有意识到这是一种最高级有效的自我保护方式。不少叶蝉外出觅食时经常让自己充满诱惑的身体暴露在黄莺的视野之内，这些与牧草沫蝉有着相似身体结构的家伙统统没想到制造和使用泡沫，因为它们的本能没告诉它们这些。

锯角叶甲的"坛子"

负泥虫的身体柔软，为了防御寄生虫，只好穿着一件恶心的外套。而锯角叶甲，却天生穿着漂亮的盔甲，根本不必再穿衣服——这点比人类更高明，因为我们还要穿丝织物做掩护。

即便锯角叶甲的幼虫赤身裸体，也不必担心，它可以躲在一个坛子形小屋里保护自己：遇到什么风吹草动，就后退将自己藏进去；平常就让头和长足的三个体节暴露在外。行走的时候，它依然带着这个小坛子，走到哪里都将住宅带到哪里。只是这个小坛子比较大，行走的时候不太方便，容易翻倒，所以幼虫就一边走，一边摆动，努力维持着重心的平衡。

我第一次发现锯角叶甲幼虫的坛子时，简直奇怪极了。它的外表呈土灰色，内部光滑细腻，整体曲线优美流畅，底部还有优雅的脉络，可以媲美精美的陶瓷制品。这是什么东西制成的呢？是某种果实的果核吗？还是某种植物果壳？总之，这个小坛子有着植物果实特有的对称和优美。

锯角叶甲幼虫的坛子究竟是什么东西做成的呢？我将坛子放到水里，它不会变软，也不会解体。我又将它放到火上烤，坛子虽然变成褐色，但也没有变形，很像是用某种含铁的矿物烧成的。所以我推测坛子的材料应该是某

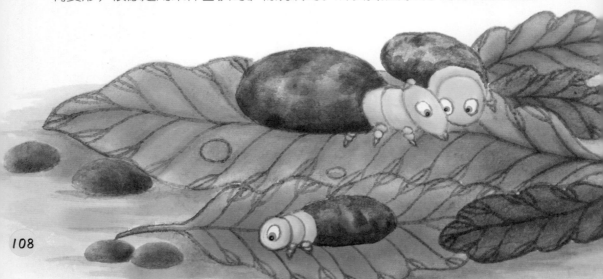

种矿物。

那么锯角叶甲幼虫是怎样将这些矿物黏合，做成一只优美的坛子的呢？我只见过它小心翼翼地用大颚叼着一个褐色的线球，然后揉捏，再从外面捏一些泥土糅合，最后将这些混合物放在坛子的边缘压平。然后它再次叼着一个褐色线球回来，做同样的工作。如此反复了六次，坛口就增大了一圈。

由此可见，坛子的制作材料有两种，线球和土块。土块是现成的，家门口的泥土多的是。线球则是它每次退回坛子之后带回来的，应该是来自坛子底部。那么，坛子底部有什么秘密呢？

坛子的底部关得严严实实的，幼虫的粪便就在这里，幼虫可能是用自己的屁股将粪便涂抹到坛子内壁，需要的时候就随时从这里挖。它的身体每长大一节，它就需要将洞口扩大一圈，于是它就从内壁上搜刮一些粪便，再掺些泥土，揉一揉，压在洞口上。

由于幼虫的身体是一点点长大的，所以后加的那一圈，总是比前面的宽一些。久而久之，锯角叶甲幼虫的坛子就变成了一个下窄上宽的形状，很像我们幼时玩的陀螺。蜗牛和其他

具有螺旋外壳的动物也大多如此。它们的外壳都会随着自己身体的长大而逐渐变宽。幼年时穿的"小衣服"到了成年时已经太过狭窄，只能用来堆积杂物。典型的如牛头螺，当下面的空间不够宽的时候，它就将小房子砸碎，在前面重新建一个宽敞的螺圈，并在旧房子与新房子之间建一个隔板挡住。

锯角叶甲幼虫扩大房间的方法与牛头螺差不多。只是它更懂得节俭，它不会浪费幼时的"小衣服"，更不会砸碎它，而只是挖掉上面的建筑材料即粪便，然后重新涂抹到上层，这样就不会浪费任何材料。另外，它还清楚地知道，同样多的材料，因为房间的增大，能建成的墙壁势必会变薄，久而久之便不再牢固，所以它在使用粪便的同时，又加了一些泥土，从而确保了墙壁的厚度。

冬天来临时，锯角叶甲幼虫用粪便和泥土制作了一个盖子，将封口堵住，然后便在里面开始了冬眠。到了来年四五月，它就彻底打破自己的坛子，成为一只漂亮的锯角叶甲，像其他生命一样享受着大自然的美好。

虽然坛子制作的秘密我现在弄清楚了，但仍有一个很关键的问题没解决：坛子的最初模型是怎么造出来的呢？

为了弄清楚这个问题，我特意饲养了很多锯角叶甲，打算从卵开始观察。不过结果让我大吃一惊。锯角叶甲的卵孵化后，幼虫并不离开卵壳，卵壳就是母亲为孩子制作的婴儿服。随着体型的增大，幼虫只需要不断加大自己的婴儿

服就行了——你能想象一只小鸟孵化之后只是头留在外边，然后穿着蛋壳，根据自己体型的增长而不断将其加长加大吗？这种习惯实在是太奇特了，但锯角叶甲的幼虫却理所当然地执行了！

小贴士："衣服"的问题

你知道吗？在穿衣这方面，我们人类远不及动物。很多动物根本就不需要花费一点力气，就可以"穿"上保暖舒适的衣服。

例如鸟儿，它们根本不必担心每天穿什么衣服，也不用依据天气变化来增减衣物，因为它们天生就长着一身温暖而华丽的羽毛。还有野兽，它们也不必为穿衣而操心，它们的皮毛，无论是硬皮还是软皮，都是非常舒适的遮蔽之物。同理，爬行动物也不必关心自己的鳞甲，蜗牛也不用担心自己的甲

壳，螃蟹也不用管自己的紧身外衣。总之，它们的衣服就是天生的羽毛、绒毛、鳞甲和甲壳，所以它们不必再费什么心思考虑穿衣的问题。

我们人类却不同，我们赤身裸体，没有暖和的绒毛保护，也没有鳞甲这样的硬皮防御，为了应对各种各样的天气，我们不得不为自己制作衣物。第一个将熊皮披在自己身上的人，应该就是衣服的最初发明者吧。当人们还不会制造衣料的时候，就不得不将动物的"衣服"穿在身上。随着科技的进步，我们学会了制造各种布料，不再需要用动物的皮毛来保暖御寒。但是直到今天，我们依然在利用其他动物的天然"服装"：插在头上的红色羽毛，是鸟儿的衣服；横穿在鼻孔的鱼骨，来自鱼儿；抹在身上的蛤蜊油，是从蛤蜊身上提炼出来的；现在还有些人认为，应该用蠕虫制作膏剂，来防止寄生蝇的骚扰。

动物的碎毛、绒毛、鳞甲和甲壳等"外套"是与生俱来的，而且质地都很好，有的比我们最好的呢绒还柔软呢！因此，尽管人类在纺织技术上取得了巨大的进步，但仍然很嫉妒动物的天赋，今天不是还有人以穿貂皮大衣为荣吗？

也许有人会对它们这种天然的外套表示不屑，为它们无法掌握纺织技术而耻笑——人类才是高等动物，我们拥有高科技，也许还有人会这样得意地表示。可是这些人很快就会发现自己的狂妄被锯角叶甲幼虫给打击得消失殆尽。这么一个卑微的生命，却会用粪便和泥土不断加长、加宽自己的衣服，而且这件衣服既防水又防火，整齐而美丽；这可是一只虫子自己缝制的衣服啊！

　　由此可见，有些动物天生就拥有令我们艳羡的外套，而有些动物则会亲手为自己缝制衣物，真是了不起的生命啊！

胡蜂的秘密

胡蜂的四大秘密

　　胡蜂有两大类，一类是独居的胡蜂，每只都是独来独往；另一类则是群居胡蜂，它们就像马蜂一样共同居住在一个大巢上，而且像马蜂那样会蜇人，甚至可能蜇人致死，所以一般人最好不要轻易靠近它们。而我作为昆虫的代言人是不能怕这些的，我冒着生命危险接近群居胡蜂，终于打探出一些关于它们的秘密。

　　第一个秘密是它们的巢。

　　这些巢的奇特之处在于布局和建构方式。蜂巢上的每个蜂房，都是六边形的，既美观又节省空间。蜂房与蜂房之间层层重叠，两层间隔很小，根据"空气不导热"的原理，蜂房被这样安排将会更具有保暖功效。

　　第二个秘密是关于胡蜂的日常起居。

　　在蜂巢内，每一只胡蜂幼虫都单独待在自己的房间，工蜂像个保育员一样每天过来照顾它们，给它们喂食，检查它们的健康状况。在喂食的时候，工蜂们是极具爱心的。它会温柔地用触角轻轻触摸熟睡的婴儿，将它唤醒，等它伸完懒腰之后，像一只鸟妈妈一样，嘴对嘴地将蜂蜜送到幼虫口里，然后离开，幼虫则继续躺下睡觉。每只幼虫都是这样长大的。

　　有一点应特别注意的是，无论是工蜂还是一般胡蜂，对幼虫都是很爱护的。它们日夜守护着幼虫的安全，一旦发现有陌生人接近，就会毫不客气地举起自己的毒针。一只尾蛆蝇不知天高地厚，妄图进入胡蜂的家园，大家起先不理它，它就放肆地走近了；一只胡蜂仰起头瞪了它一眼，它就吓得立刻跑掉了。如果哪只尾蛆蝇更放肆地走到幼虫的房间，一群胡蜂会毫不客气地对它进行群殴，将它打死，然后把尸体拖出去，扔到蜂巢底部喂苍蝇。因此我也警告那些好奇者，没事不要接近胡蜂的家。

第三个秘密是胡蜂的丧葬习俗。

尾蛆蝇的尸体之所以会被拖走，是因为胡蜂家族不喜欢尸体，连病体也不能接受，因为尸体的病毒会传染得整个家族都得病。工蜂在照顾幼虫的过程中，如果发现某只幼虫得病或残疾了，就会突然从温柔的护士变成残暴的杀人凶手，毫不客气地将生病的孩子拉出来，拖到蜂巢底部的公墓里，跟尾蛆蝇的尸体放在一块儿。即使我好心地将那些看来生命力还算旺盛的孩子送回去，细心的工蜂依然会把它们检查出来，再将它们拖到公墓中，或干脆将它们吃掉——多么残忍的保育员呀！

十一月，寒潮来临，工蜂们便停下手中的活儿，不再盖房子，也不再采蜜，连给幼虫喂食也变得漫不经心了。大批大批的幼虫开始挨饿，生长缓慢，甚至饿死了，工蜂就将这些幼虫一只只吃掉了。再后来，蜂巢里已经没

有幼虫了，于是连那些老弱病残的胡蜂，都会被巡逻的工蜂逮住，然后扔到公墓中。有些胡蜂可能意识到自己的健康状况出了问题，干脆自己跳到公墓里。最后死去的是工蜂，它们是老死的。总之冬天一来，庞大的胡蜂城堡里就没有几个居民了，公墓里埋着它们横七竖八的尸体，到了明年春暖花开之时，这里将变为一堆废墟。

第四个秘密则跟蜂蚜蝇有关。

胡蜂对所有的陌生人都很排斥，谁敢接近蜂巢，它们就叫谁好看。但

只对一位绅士还算尊敬，它就是蜂蚜蝇。蜂蚜蝇是一种苍蝇，它的蛆虫有消毒作用。哪只胡蜂幼虫若是流血了，或者要排便了，爱干净的胡蜂就会束手无策。如果置之不理，幼虫会变脏，变得"有病"，这是胡蜂家族不能允许的。幸亏有蜂蚜蝇的蛆虫，它会将胡蜂幼虫身上的这些污物舔干净。作为清洁工，蜂蚜蝇赢得了胡蜂的尊敬和感激，所以蜂蚜蝇不必担心自己会有尾蛆蝇那样被打死扔掉的悲惨命运，它们可以毫不畏惧地在胡蜂的蜂巢里产卵。

　　也许胡蜂家族还有其他秘密，有机会我会再告诉大家。

菜青虫和小腹茧蜂

强中更有强中手

想必大家都认识菜青虫，这个专门与我们抢夺甘蓝的可恶小虫子。而它们的母亲——粉蝶，既狡猾，又精通甘蓝植物学。只要是甘蓝科的植物，不管它们的外形多么迥异，粉蝶却统统都认识。而我要想判断某种植物是否属于甘蓝类，还要等它开花结果后才能确定。反正粉蝶有自己的辨认方法，它毫不犹豫地从一种甘蓝植物上飞到另一种上，将卵产到它们的叶子上。

一周之后，卵孵化了，新生的菜青虫自己啃咬开卵壳，从里面爬出来。幼虫先吞掉自己的卵膜，让它们在体内消化，转化成丝，做成自己远征所必须的缆绳，然后就在这根缆绳的帮助下开始向附近青翠碧绿的菜叶进军。啊！这些小东西一接触到甘蓝的绿叶，马上就变成了贪吃鬼，它们的身长很快就由2毫米生长到4毫米。但我的菜园可遭了殃。

古罗马时期，为了防止菜青虫偷吃菜叶，人们会在甘蓝地竖起一根尖头木桩，上面放一个被太阳晒白了的马颅骨，然后就心安理得地离开了。菜农们天真地认为这样就能将菜青虫们吓走。尽管这个方法很荒谬，可传统的力量那么强大，今天的菜农依旧采取了类似的预防措施，只是将马颅骨换成了蛋壳。人们还振振有辞地解释，粉蝶会被这个白花花的蛋壳所吸引，然后将卵产在上面，而卵产在这里不久就会被太阳晒死，这样大家就战胜了菜青虫。我问，你们见过粉蝶在蛋壳上产卵吗？大家都说没有，但他们却依然这么做，因为以前的人都是这么做的。试问，如果都按传统习俗做事，人类社会还会有进步吗？

阻止菜青虫的最好方法就是将它们从甘蓝叶上拣出来，掐死。这种方法虽然有效，但太浪费人力了。好在大自然对谁都是公平的，如此残害甘蓝的菜青虫，最终肯定会得到报应。于是，人类的帮手，甘蓝的守护者——小腹茧蜂出现了。

如果你留心的话，会发现篱笆角或高墙下面，有一堆堆榛子般大小的黄色小茧；每个茧群旁边，都会躺着一条或者已经死去，或者奄奄一息的菜青虫。这些黄色小茧，将来就是一只只小腹茧蜂。

六月，贪吃的菜青虫离开菜叶子，爬到高墙上，准备织网结蛹。我发现有几只菜青虫非常憔悴，工作时没有一点热情，就将它们捉了回来。之后，我用一根针戳穿它们。在它令人作呕的血液里，发现了一群像小蚯蚓一样的虫子。这就是小腹茧蜂的幼虫了。它们以菜青虫的血液为食，直到将这只可

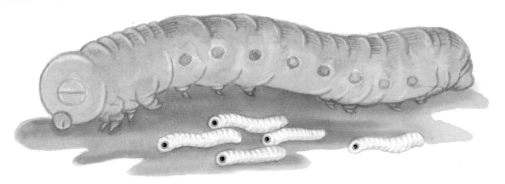

恶的大青虫吸干，使它贫血死掉。

　　小腹茧蜂总是将自己的日程与菜青虫协调一致，菜青虫进食完毕该结茧的时候，正是小腹茧蜂幼虫发育成熟的时候；当奄奄一息的菜青虫忙于为茧织网准备的时候，则是小腹茧蜂幼虫们解放的时候。这些小腹茧蜂幼虫会吸干菜青虫身上最后一滴血，然后在菜青虫的腹面或两侧挖一个缺口，从这个缺口钻出来。但幼虫们依然没有离开，反而暂时在菜青虫的表皮上住了下来。而这时候菜青虫依然没有死，还拖着病体忙着织网呢，但这些茧最终却成了小腹茧蜂的外套。两周之后，小腹茧蜂将咬破茧，羽化为成虫，而那只一直忙碌着的菜青虫，则在织完茧那一刻死掉，白白地为他人做嫁衣裳。

　　只有一点我不明白，小腹茧蜂的幼虫最初是怎样钻进菜青虫体内的呢？因为我在菜青虫身上找不到一处伤痕，只能通过它日益瘦弱的身体判断它体内有虫。我希望这些刚刚出世的小腹茧蜂，可以告诉我事实的真相。

　　真相往往是很残酷的。我看到雌小腹茧蜂发现粉蝶卵时显得非常兴奋，它们先用触角检查一下这个卵，然后将腹部末端贴上去，一个小巧锐利的小尖头出现了，这应该就是它的产卵管了。它很快在粉蝶卵上完成了产卵，然后走开。第二只雌小腹茧蜂走过去，照样产卵，然后是第三只，第四只……粉蝶卵上被产了多少枚小腹茧蜂的卵，根本没法数清楚，只有我解剖一只生病的菜青虫时，才发现里面有多少条寄生虫。寄生虫的数目是不确定的，我曾经见过一只菜青虫体内生活了60只小腹茧蜂幼虫，这应该还不是最大数目。尽管人们讨厌菜青虫，可是当得知它们会被60个甚至更多寄生虫残害时，也会露出哀伤同情的目光吧！

图书在版编目（CIP）数据

毛虫的故事：松毛虫、叶甲／（法）法布尔（Fabre,
J. H.）原著；胡延东编译. — 天津：天津科技翻译出版
有限公司, 2015.7
（昆虫记）
ISBN 978-7-5433-3495-3

Ⅰ.①毛… Ⅱ.①法… ②胡… Ⅲ.①松毛虫—普及读
物 ②叶甲科—普及读物 Ⅳ.①Q969.435.9-49
②Q969.512.4-49

中国版本图书馆 CIP 数据核字（2015）第 103952 号

出　　　版：天津科技翻译出版有限公司
出 版 人：刘　庆
地　　　址：天津市南开区白堤路 244 号
邮政编码：300192
电　　　话：（022）87894896
传　　　真：（022）87895650
网　　　址：www.tsttpc.com
印　　　刷：三河市兴国印务有限公司
发　　　行：全国新华书店
版本记录：787×1092　16开本　　8印张　160千字
　　　　　　2015年7月第1版　　2015年7月第1次印刷
　　　　　　定价：23.80元